KB263579

맛있는 요리를 만드는 레시피가 있는 것처럼 웃음, 힐링, 성장을 만드는 레시피도 있을까요?
레시피팩토리는 모호함으로 가득한 이 세상에서 당신의 작은 행복을 위한 간결한 레시피가 되겠습니다.

홈메이드 장

醬

간장·고추장·된장·청국장

장소스
장요리

직접 담근 우리 집만의 장으로
일상의 요리가
더 깊고 넓어집니다

장은 인류가 발견한 가장 오래된 과학이자, 자연과 인간이 함께 만들어 온 조화의 산물입니다. 미생물이 일으키는 변화 속에서 우리는 단순한 음식 이상의 의미를 발견합니다. 그것은 '시간이 만든 맛'이자 '삶이 발효되는 과정'이라 할 수 있습니다.

이 책은 오랜 세월 이어져 온 장 문화를 현대인의 일상 속에서 다시 살아나게 하고자 하는 마음에서 출발했습니다. 지금의 식생활은 많이 달라졌지만, 간장, 고추장, 된장으로 맛을 낸 요리는 여전히 우리의 소울 푸드이며, 우리는 거의 매일 장의 맛으로 식탁을 채웁니다. 그렇기에 장을 낯선 전통의 기술로만 여기기보다, 누구나 집에서 좋은 재료로 쉽고 맛있게 만들어 먹을 수 있는 생활 속 발효로 바라보려 합니다. 이러한 관점에서 메주를 띄우고 장을 담그는 전 과정을 현대 주방 환경에 맞게 단순하고 실용적으로 구성했습니다.

복잡한 절차보다 발효의 원리에 집중해, 초보자도 장 담그기의 즐거움을 차근차근 경험할 수 있도록 안내했습니다.

그러나 이 책이 단순한 제조법의 나열로만 머물기를 바라지 않습니다. 장은 오랜 세월 우리 밥상뿐 아니라 공동체의 정신과 생활의 질서를 지탱해온 문화적 상징입니다.

우리는 장을 다시 문화로 회복시키고자, 전통의 맥을 지키되 현대의 식문화와 자연스럽게 연결될 수 있도록 다양한 소스와 응용 레시피를 함께 제시했습니다. 장의 새로운 가능성과 맛의 확장을 모색하는 시도이기도 합니다.

발효는 기다림과 관찰, 그리고 겸손을 가르칩니다. 균과 효소가 만들어 내는 미묘한 변화의 순간을 이해할 때 우리는 자연의 이치를 배우고, 손끝에서 형성되는 작은 생태계를 체험합니다. 빠름이 미덕이 된 시대일수록, 시간을 신뢰하는 발효의 철학은 더욱 값진 의미를 지닙니다. 이 책이 독자들에게 장의 깊은 세계를 과학적으로, 그리고 철학적으로 바라보도록 이끌고, 직접 만들어보며 얻는 실질적인 즐거움까지 전할 수 있기를 바랍니다.

손으로 빚고 시간을 담으며 삶을 익혀 가는 과정 속에서 우리는 자연과 공존하는 인간의 방식을 다시 배우게 됩니다. 장이 우리 식탁의 맛을 넘어 삶의 깊이로 이어지며, 생활의 리듬을 회복하고 마음을 풍요롭게 하는 문화적 언어로 자리하길 소망합니다.

한국발효식문화협회
구본일 · 정희선 · 안미정 · 장진영

목차

1

장 만들기에 앞서
우리의 장류와 발효 이해하기

2

메주부터 모든 장까지
집에서 실패 없이 장 담그기

장의 기본, 다양한 재료로 메주 만들기

손쉬운 우리 집 장 만들기

3
장으로 만든
양념과 소스 & 요리

4

익을수록 점점 더
맛이 깊어지는 장아찌

5
장으로 만드는 세계 요리

1

우리의 장류와 발효 이해하기

한식에서 빼놓을 수 없는 기본 양념인 간장, 된장, 고추장.
입체적인 풍미로 한식의 깊은 맛을 책임지는 장류는
세계적으로도 주목 받는 발효 식품입니다.
장을 만들기에 앞서, 알아두면 유용한
장과 발효에 대한 이야기를 들려드립니다.

한식의 깊은 맛은 장의 맛, 발효의 맛

밥과 함께 먹는 장류와 절임류가 발달하다

우리나라는 고온다습하고 산악지대가 많아 쌀을 생산하는 논농사와 보리, 콩, 메밀, 밀, 기장 등을 재배하는 밭농사가 활발하게 이루어졌다.

이렇게 곡류로 지은 밥이 주식이다 보니 짭짤하게 간이 된 발효 음식을 곁들이게 되었고 간장, 된장, 고추장 등의 장류와 젓갈, 김치, 장아찌 등의 절임류가 한국인의 밥상에서 중요한 자리를 차지하게 되었다.

맛의 깊이를 좌우하는
발효 식품의 감칠맛

한식의 맛을 표현할 때 흔히 쓰는 표현이
'깊은 맛'이다. 이것은 오랜 기간을 두고 발효와
숙성을 통해 얻어낸 발효 식품 특유의 감칠맛을
의미한다고 할 수 있다.

발효 식품 중 장류는 우리 음식의 바탕과 근간이
되는 것으로 예로부터 지역마다, 집집마다 여러
종류의 장을 담가 양념으로 모든 음식의 맛내기에
두루 사용했다. 장맛은 각 집을 대표하는 솜씨이자
자부심이며, 누구나 추억으로 간직하고 있는
구수한 고향의 맛이다.

우리의 장이
진정한 자연 발효인 이유

한국의 장은 콩으로 메주를 빚어 자연 발효시켜
만드는데, 세계적으로 잘 알려져 있는 콩 발효
식품인 일본의 '낫토'나 인도네시아의 '템페'와는
다르다.

낫토와 템페가 단일균으로 균접종을 해서 만들어진
단발효 식품인 반면, 한국의 장은 자연의 다양한
균에 의해 완성되는 복합발효 식품이다. 메주를
띄우는 과정뿐만 아니라 소금물에 담가 장을 담그고
장이 숙성되는 과정까지 여러 단계를 거쳐 다양한
곰팡이, 세균, 효모에 의해 발효가 이루어진다.

콩 발효 식품인 한국의 장, 일본의 낫토, 인도네시아의 템페. 무엇이 다른가요?

※ 건강식품으로 잘 알려진 낫토는 특히 청국장과 비슷하다. 이 두 가지의 보다 자세한 차이점은 47쪽에 소개했다.

한국의 장(메주, 된장)	낫토와 템페
☑ 자연 생성되는 균으로 발효. ☑ 곰팡이, 세균, 효모에 의한 복합발효 식품. ☑ **장점** 다양한 균에 의해 감칠맛이 생성되어 맛과 향의 깊이가 있고 자연친화적. ☑ **단점** 항상 균일한 맛을 내기가 어려움.	☑ 균을 접종시켜 발효. ☑ 단일균에 의한 단발효 식품. ☑ **장점** 단일균, 즉 특정균을 이용해 안정적인 발효 제품을 만들 수 있음. ☑ **단점** 맛이 단조롭고 오랜 시간 저장하며 삭히는 과정에서 오는 풍미를 느끼기 어려움.

VS

장맛을 좌우하는 발효 이해하기

닮은 듯 다른 개념, 발효 vs. 숙성

발효 음식을 설명할 때 같이 언급되는 단어 중 하나가 '숙성'이다. 이 두 가지는 어떻게 다를까?
이 단어들의 의미부터 명확히 짚어보자.

■ 발효(fermentation)

'끓인다'는 뜻의 라틴어 '페브르(fervere)'에서 유래된 말. 미생물이 산소가 결핍된 환경에서 당을 다른 물질로 전환시키는 과정을 뜻한다. 즉, 식품이 세균(박테리아), 효모, 곰팡이 등 미생물에 의해 건강에 이로운 상태로 변화되는 것을 말한다.

■ 숙성(aging)

음식을 자연상태에 그대로 두어 스스로 분자구조가 작게 분해되도록 하는 과정. 적절한 숙성은 맛을 향상시키고 새로운 형태의 음식을 만들어내지만, 과도한 숙성은 세균에 의한 부패를 초래해 음식을 위해한 요소로 변질시키기도 한다.

대표적인 발효 방식,
알코올 발효 vs. 젖산 발효

발효의 개념을 알았다면, 다음으로 대표적인
두 가지 발효 방식을 알아보자. 발효 과정은
유사하지만, 생성되는 산물과 수행하는 미생물,
활용 분야에서 차이가 있다.

■ 알코올 발효(술, 빵)

주로 효모와 일부 박테리아에 의해 이루어지며,
'포도당과 같은 당류'를 분해해 에탄올(알코올)과
이산화탄소를 생성한다. 술(맥주, 와인 등)과 같은
주류 제조나 빵 반죽을 팽창시키는 데
널리 활용된다.

- **발효 과정** 포도당 → 피루브산(pyruvate) →
  아세트알데하이드 → 에탄올, 이산화탄소, 소량의 에너지

■ 젖산 발효(발효 식품)

주로 젖산균에 의해
이루어지며, '포도당과 같은
당류'를 분해해 젖산을 생성한다. 요구르트, 치즈,
김치, 된장과 같은 발효 식품의 제조에 활용된다.

- **발효 과정** 포도당 → 피루브산 → 젖산, 소량의 에너지
- 동물의 근육에서 단기간 산소가 부족할 때 에너지를 생성하는
  방식도 이 방식과 동일하다.

장류가 발효를 거쳐
복합적인 맛과 향을 내는 이유

이제 메주, 간장, 된장, 고추장과 같은 우리 장류의
발효에 대해 조금 더 살펴보자. 장류의 주재료는
곡류와 콩류로, 이들은 단백질, 탄수화물, 지방을
갖고 있다. 이들 영양소는 발효 과정 중 미생물이
생성하는 효소에 의해 분해되는데, 이 과정에서
각각 맛과 향을 결정하는 물질, 그리고 다양한
미량 성분으로 전환된다.

장류 발효에 관여하는 주된 미생물로는 유산균,
고초균, 초산균, 곰팡이, 효모 등이 있다. 각각의
미생물은 고유한 효소를 통해 아래와 같은 화학
반응을 촉진하고, 최종적으로는 독특한 풍미와
품질을 가진 발효 식품을 완성한다. 이렇게 미생물과
효소의 작용은 전통 발효 식품의 복합적이고 깊은
풍미를 형성하는 핵심 역할을 한다.

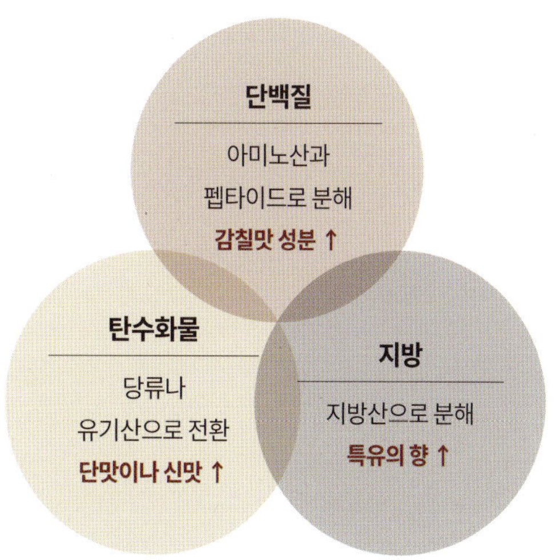

장 만들기를 위한 재료 준비하기

장을 만들 때 기본적으로 들어가는 재료의 역할과 좋은 재료를 고르는 법까지 꼼꼼히 알아봅니다.

대두(백태)
모든 장류에 사용

단단하고 껍질이 얇은 국산 대두(백태)를 쓰면 메주가 잘 발효되고 장맛이 깊어진다. 그렇다고 대두로만 장을 만들 수 있는 건 아니다. 서리태, 완두, 호랑이콩 등 모든 콩과 팥으로도 메주를 만들 수 있다. 예로부터 장류에 대두를 많이 사용한 것은 수확량이 많았기 때문이다. 대두는 땅에 질소를 공급해 지력을 보충해주는 특성이 있어, 토양의 상태를 유지하기 위해 다른 작물과 함께 재배하는 경우가 많았다.

메줏가루
된장, 고추장에 사용

잘 띄운 메주를 말려 빻은 가루로 된장이나 고추장에 넣어 발효가 안정적으로 진행되도록 하고 장의 풍미를 더 깊게 해준다. 시판 메줏가루도 구할 수 있으니 국산콩으로 만든 것, 구수한 콩 냄새가 나고 노르스름한 색을 띤 것, 분쇄된 입자가 일정한 것으로 고르는 것이 좋다.

→ 메줏가루 만들기 37쪽 참고

통밀가루 · 보릿가루 · 도토리가루
이색 메주에 사용

메주를 만들 때 종류나 용도에 따라 삶은 콩에 함께 섞는 재료. 통밀가루나 보릿가루를 메주에 섞으면 전분질이 보충되어 발효가 안정되고, 메주의 맛과 향이 한층 깊어지며 숙성 후 장의 풍미가 풍부해진다. 도토리가루를 메주에 섞으면 쌉쌀하면서도 고소한 맛과 향을 낸다.

종균(황국균)
알메주에 사용

소금
간장, 된장, 고추장에 사용

고운 고춧가루
고추장에 사용

이 책에 소개한 모든 메주는 자연 발효를 하지만, 알메주는 균접종을 통해 빠른 시간내 안정적으로 발효를 진행시킨다. 이때 사용하는 것이 누룩곰팡이가 번식한 종균으로, 단백질을 아미노산으로 분해해 감칠맛을 만들고, 발효 품질을 일정하게 유지한다. 사용 후 밀봉해 냉동 보관한다.

→ 알메주 만들기 34쪽 참고

발효에서 아주 중요한 역할을 하는 기본 재료. 간장과 된장의 고초균, 김치의 유산균, 밀가루 반죽의 효모균과 같은 유용 미생물의 증식을 조절해 발효를 조정하는 역할을 한다.
또한 식품의 보존성을 높이기도 한다. 장을 담글 때는 간수를 뺀 천일염이나 장용 소금을, 요리할 때는 토판염을 추천한다.

→ 소금 이해하기 202쪽 참고

고추장에는 입자가 곱고 균일한 고춧가루를 사용해야 재료가 고루 섞여 매끄럽고 점성이 있는 반죽이 된다. 굵은 고춧가루는 질감이 거칠고 발효가 불균일해져 맛과 색이 탁해지기 쉽다. 선명한 붉은색을 띠며, 햇고추를 빻은 국산 제품을 사용하는 것이 좋다.

 **시판 메주를 구입해 장을 담고자 한다면?**

시판 메주는 갈라짐이 덜하고 잘 마른 것, 검정색 곰팡이가 없는 것, 구수한 향이 있는 것, 고른 갈색으로 잘 발효된 것으로 구매한다. 쓸 만큼만 가늠해 적당량 구입하되, 남으면 깨끗한 양파망에 넣어 바람이 잘 통하는 곳에 보관한다.

- 장 담글 때 숯은 여러 역할을 하며, 반드시 화학 처리되지 않은 깨끗한 천연 참숯을 사용해야 안전하다.
- 참숯을 씻어 장 담글 때 넣으면 숯의 미세한 구멍이 발효 과정에서 생길 수 있는 불쾌한 냄새와 휘발성 물질을 흡착하고, 표면의 무기성분이 잡균의 번식을 억제해 발효 환경을 안정시킨다. 또한 장독 안의 산소 흐름을 조절해 산화를 줄이고, 금속이온이나 미량 오염물질을 흡수해 장의 품질 저하를 막는 역할을 한다.
- 참숯은 건조하고 통풍이 잘되는 곳, 습도 50% 이하의 환경에서 밀폐 용기에 보관하는 것이 좋다.

건고추
장 담글 때 사용

한국의 고추는 매운맛 외에 감칠맛이 있어 장 담글 때 넣으면 메주의 맛을 완화시키고 청량한 맛을 더해준다.

건대추
장 담글 때 사용

대추는 진정 효과가 있어 스트레스 완화에 좋고, 은은한 단맛으로 장의 맛을 좋게 한다.

조청
고추장에 사용

고추장에 단맛과 풍미를 더해준다. 엿기름을 사용해 당화한 제품이 품질이 우수하므로 성분표를 확인해 구매하는 것이 좋다.

액젓
고추장에 사용

고추장에 넣으면 감칠맛을 더해준다. 까나리, 멸치, 홍게 등 맑게 달여 만든 액젓을 사용하면 된다. 액젓이 아닌 시판 조미액(참치액)은 사용하지 않도록 한다.

장 만들기를 위한 도구 준비하기

메주를 띄우고, 장을 담글 때 사용하는 도구입니다. 구하기 어렵거나, 다루기 어려운 전통 도구 대신
어디에서나 구할 수 있고, 한결 쉽게 장맛을 만들어주는 도구들로 소개합니다.

■ 메주 만들 때

사진 제공 PN풍년

압력솥

압력솥을 사용하면 콩의 수분량을 조절하며
손쉽게 익힐 수 있다. 2kg의 콩을 삶을 경우
10ℓ 이상(15인분)의 압력솥이 필요하다.

절굿공이

메주를 만들 때는 콩을 절굿공이로 찧어 입자가 불규칙하게 부서지도록
하는 것이 좋다. 이렇게 하면 입자 사이사이 공간이 생겨 공기와 수분이
순환하며 발효가 원활해진다. 분쇄기를 사용해 너무 곱게 갈면 내부에
공기가 차단되고 수분이 머물러 잡균이 번식하기 쉽다.

큰 볼

콩을 짓찧을 때 콩이 옆으로 튀어 나가지 않도록 깊이가 있고
입구가 넓은 볼을 사용한다.

장독

전통 장을 담그는 데 꼭 필요한 발효 용기. 공기가 통하는 미세한 기공이 있어 발효와 숙성이 원활하게 이루어지게 한다. 장을 담글 때 메주 1kg를 사용한다면 5ℓ 용량의 장독을 선택하면 알맞다.

■ **계산법** : 메주 1kg을 약 1ℓ로 환산
메주 1kg(1ℓ) + 소금물 3kg(3ℓ) + 여유분 20%(4ℓ×20%≒1ℓ) = 5ℓ

유리 장독 뚜껑

윗면은 유리로 되어 있고, 옆면은 메쉬(모기장보다 더 고운 망)로 둘러져 있어 햇빛은 통과시키면서도 빗물이나 벌레의 침투를 막는다. 크기가 다양하므로 장독 입구의 크기에 맞춰 사용한다.

장독용 메쉬커버

소량의 고추장, 된장 등을 담을 때 유리 장독 뚜껑이 너무 크거나 작아서 사용할 수 없다면 장독용 메쉬커버를 사용한다. 장독 입구에 장독용 메쉬커버를 덮어 고무줄로 한 번 더 탄탄하게 입구를 봉하고, 일반 장독 뚜껑으로 덮어두면 공기가 통하면서도 벌레가 들어가지 않도록 보관할 수 있다.

주정

장을 담그기 전, 장독을 소독할 때 사용한다. 장은 미생물 발효 식품이기 때문에 장독의 위생 관리가 중요하다. 소독용 주정(에탄올)은 알코올 도수가 70% 이상이어야 살균 효과를 볼 수 있으며, 스프레이에 담겨 있는 것을 사용하면 편리하다.

■ 메주 말리고 발효시킬 때

바구니

메주를 띄울 때 공기가 잘 통하게 하고, 곰팡이가 고르게 번식하도록
돕는다. 사방과 바닥이 모두 뚫린 형태가 좋으며, 관리가 용이한
플라스틱 바구니를 주로 사용한다.

대나무 김발

전통적인 방식인 볏짚 대신 메주를 띄울 때 밑에 깔거나 위에 덮어 메주가
건조되고 발효될 수 있도록 한다. 사용 후 물에 잘 씻어 말려 보관한다.

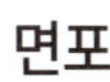

온습도계

발효 과정에서 온도와 습도는 매우 중요하다. 상자를 자주
열어보지 않고도 내부 환경을 확인할 수 있도록 선이 연결된
온습도계를 사용하면 편리하다.

면포

장을 가르거나 알메주를 띄울 때, 청국장을 만들 때 사용한다.
삶아 소독한 뒤 잘 말려 사용하는 것이 좋다.

종이박스

메주를 띄울 때는 공기와 수분이 잘 순환되는 종이박스를 사용하는
것이 좋다. 발효 과정에서 생기는 열과 습기가 원활히 빠져나가
메주가 고르게 띄워진다. 플라스틱으로 만든 리빙박스 등은
통기성이 없어 내부에 습기가 차기 쉬우므로 피하고, 위생을 위해
사용하던 박스 대신 새 종이박스를 사용하는 것이 바람직하다.

장의 기본,
다양한 재료로 메주 만들기
• 기본메주 26쪽
• 도토리메주 30쪽
• 고구마메주 31쪽
• 서리태메주 32쪽
• 팥메주 33쪽
• 알메주 34쪽
• 고추장 메주 36쪽
• 메줏가루 37쪽

손쉬운 우리집 장 만들기
• 장 담그기 39쪽
• 장 가르기 & 간장 만들기 40쪽
• 된장 만들기 42쪽
• 고추장 만들기 44쪽
• 청국장 만들기 46쪽

첨가물 없이 건강하게 만들어요
현대화된 방법으로 간편히 만들어요
기본 재료 2kg으로 소량씩 만들어요
아파트 등 실내에서도 만들 수 있어요
콩 익히는 온도, 수분량을 조절해 메주 띄울 때 냄새가 거의 없어요

2

메주부터 모든 장까지
집에서 실패 없이
장 담그기

만들기 번거롭다?! 실패하기 쉽다?! 당연히 사먹는다?!

장류에 대해 이렇게 생각하는 분들이 많은데요,

물론 사먹는 것이 편하긴 하겠지만 한번 만들어보면

결코 어렵지 않다는 걸 알게 됩니다. 좋은 재료에 첨가물 없이 만드는

건강하고 맛있는 우리 집만의 장. 1년에 한두 번 정도만

이 책을 펼쳐놓고 그대로 따라 만들어보세요.

❗ 메주를 직접 띄워 장을 담그면 좋지만, 메주를 구입해 만들어보고 싶다면
17쪽의 '시판 메주를 구입해 장을 담고자 한다면'을 참고하세요.

장의 기본,
다양한 재료로 메주 만들기

메주는 장의 핵심이 되는 재료로, 익힌 재료를 찧고 빚어 띄우면
단백질과 전분이 발효되며 맛있는 된장과 간장을 만들 준비가 됩니다.
보통은 백태로 만들지만, 고구마, 팥, 도토리가루 등을 더하면
우리가 일반적으로 먹어온 장과는 또 다른 맛과 향을 느낄 수 있어요.
장맛의 영역을 넓힐 수 있도록 다양한 재료로 메주 만드는 방법을 소개합니다.

메주 만드는 4단계

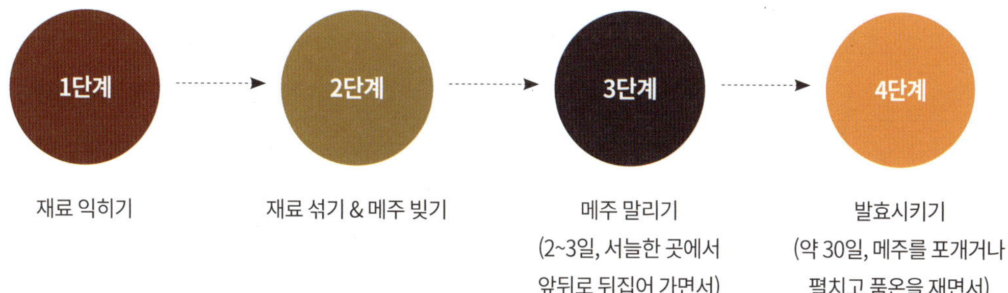

이 책에서 소개한 메주들

메주		재료	장맛의 특징	만들 때 주의점
기본 메주		백태	깊은 감칠맛, 구수한 맛	온습도를 맞추지 않으면 곰팡이 번식이 불균일해지고 변질되기 쉬우니 온습도 조절에 유의한다.
도토리 메주		백태, 도토리가루	쌉싸름하고 깔끔한 맛	점성이 덜하므로 건조 후 부서지지 않도록 성형할 때 단단히 뭉친다.
고구마 메주		백태, 고구마	달큼한 맛, 부드러운 맛	고구마의 수분이 많은 편이므로 겉말림에 유의해 관리한다.
서리태 메주		서리태, 보릿가루	묵직하고 고소하면서 진한 감칠맛	서리태는 백태보다 전분이 적어 미생물이 자라기 어렵기 때문에 안정적으로 발효되도록 보릿가루를 더한다.
팥 메주		백태, 팥, 통밀가루	은은한 단맛, 부드럽고 구수한 맛	떫은맛을 내고 배탈을 유발하는 사포닌을 없애기 위해 팥을 한 번 삶아서 사용한다.
알 메주		백태, 종균(황국)	냄새가 적고 깔끔한 맛	삶은 콩을 적당한 온도로 식힌 후 종균을 섞어야 균이 고르게 번식해 발효가 균일하게 된다.
고추장 메주		백태, 통밀가루	고추장에 넣으면 깔끔하고 고소하며 깊은 단맛	발효취를 최소화해야 깔끔한 맛의 고추장을 만들 수 있으므로 다른 메주에 비해 작게 빚고, 짧게 발효시킨다.

기본메주

- 가장 기본이 되는 전통 메주. 된장과 간장의 기본 재료로 사용된다.
- 단백질 함량이 높아 발효 과정에서 아미노산이 풍부하게 생기며, 감칠맛과 구수한 향이 깊다.
- 날이 추워지는 11~12월에 만들면 발효·건조시키기 가장 알맞다.

- ✔ 조리, 발효, 숙성 약 35일
- ✔ 완성량 2kg

- 백태 2kg

⚠ 압력솥이 없다면?

전기 압력솥이 있다면 압력솥에 삶는 것과 마찬가지로, 불리지 않은 콩에 같은 양의 물을 넣고 40분간 익히면 된다. 전기 밥솥의 '잡곡밥' 기능을 선택하면 비슷한 상태로 콩을 익힐 수 있다. 하지만 일반 냄비에 콩을 삶는다면 콩이 흡수하는 수분, 콩을 익히는 온도를 조절하기 까다로워 발효시킬 때 냄새가 심하게 나거나 곰팡이가 필 수 있어 권하지 않는다.

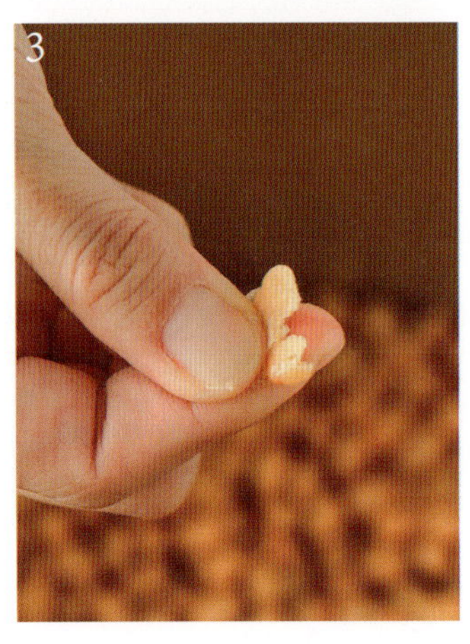

압력솥으로 콩 익히기

1 압력솥에 콩을 넣는다. 물이 손가락 한 마디 높이까지 올라오게 붓는다.

2 센 불에서 끓인다. 추가 울리면 5분간 더 끓인 후 불을 끄고 증기가 빠질 때까지 기다린다. 뚜껑을 열어 콩을 한 번 뒤섞는다.

… 첫 번째 추가 울린 후 콩을 뒤섞으면 전체적으로 균일하게 익으므로 이후에는 다시 섞지 않아도 된다.

3 뚜껑을 덮고 다시 센 불에서 끓인다. 추가 울리면 5분간 더 끓인 후 불을 끄고 증기가 빠질 때까지 기다린다. 한 번 더 센 불에서 끓여 세 번째 추가 울리면 5분간 더 끓인 후 불을 끈다. 중기가 빠진 후 뚜껑을 열고 콩이 손가락으로 눌렀을 때 부드럽게 으깨질 만큼 무르게 익었는지 확인한다.

… 콩이 충분히 익지 않았으면 다시 뚜껑을 덮고 센 불에서 한 번 더 끓인다.

… 압력솥의 추 주변으로 물이 넘치면 김이 빠질 때까지 젖은 행주를 덮어둔다.

메주 빚기

4 삶은 콩을 채반에 밭쳐 물기를 빼고 한 김 식한다.

5 콩을 볼로 옮겨 입자가 거의 남지 않도록 절굿공이로 80~90% 찧는다.

6 찧은 콩을 둥글게 굴린 후 도마와 양손으로 각을 살려 직육면체 모양으로 빚는다.

… 삶은 콩의 무게는 약 4kg으로, 500g씩 8개로 분할해 빚는다.

… 공 모양으로 빚어도 좋다.

메주 말리기

7 바구니에 김발을 깔고 메주를
적당한 간격을 두고 올린 후
서늘한 곳에서 2~3일간
건조시킨다.

⚠ 메주를 띄울 때 냄새가 많이 나나요?

이 책에서 소개한 레시피는 압력솥을 사용해 고온에서 최소한의 수분으로 콩을 익히기
때문에 전통적인 방식으로 만드는 메주에 비해 냄새가 훨씬 적은 편이다.
하지만 발효시키는 과정에서 열이 발생해 냄새가 조금 날 수 있으니, 불편할 때는
한 번씩 창문을 열어 환기를 시키는 것을 추천한다. 이때 메주가 들어있는 상자를 이불로
잘 여며 안쪽의 열기가 식지 않게 하는 게 좋다.

8

9-1

9-2

10

품온은 이렇게 재세요

품온이란 메주와 메주 사이의 온도를 뜻한다. 발효 과정에서 열과 습기가 발산되기 때문에 품온을 체크해 발효 단계를 확인하거나 온습도를 관리할 수 있다. 상자를 자주 열지 않고도 내부 환경을 확인할 수 있도록 선이 연결된 식품용 온습도계를 메주 사이에 꽂고 화면에서 온도를 체크한다.

발효시키기

8 메주를 2장씩 쌓고 10일간 하루 한 번씩 위아래 자리를 바꾼다.

… 위아래 메주의 수분을 적당히 날리면서 발효시키는 과정이다.

9 층마다 김발을 깔고 메주를 3~4겹으로 쌓은 후 여러 메주 사이에 온습도계를 꽂고 상자를 이불이나 담요로 감싼다. 품온이 40~45℃까지 올랐다 28~30℃까지 내려갈 때까지 이불을 덮어둔다.

… 메주를 여러 겹 쌓으면 메주의 발효열 때문에 품온이 빠르게 오른다. 온도가 오르고 내리기까지 약 5일 걸린다.

10 내부 온도가 내려가면 박스에서 메주를 꺼내 한 장씩 펼친다. 공기가 잘 통하는 25℃ 정도의 실내에 두고 약 2주간 건조, 후발효시킨다. 메주가 잘 마르면 장을 담글 수 있다.

… 발효, 건조를 마친 메주 1개의 무게는 250~300g이다.

… 발효를 완료할 때까지 습도는 30~40%가 유지되어야 발효가 원활하게 이루어진다.

… 온도가 낮으면 푸른 곰팡이가 생기므로 적정 온도를 유지한다. 겉면의 푸른 곰팡이는 크게 해롭지 않으니 장 담그기 전 살짝 닦아낸다.

… 온도, 습도가 모두 높으면 해로운 검은 곰팡이가 생기므로 주의한다. 표면에 얇게 핀 검은 곰팡이는 거친 솔로 긁어내 제거한다.

도토리메주

- 이색적인 전통장인
  상실장(橡實醬)을 만들 수 있다.
- 장을 가르고 나서 2년까지는
  도토리의 탄닌으로 인해 약간
  떫은맛이 느껴진다.
  그러나 3년이 넘으면 떫은맛이
  사라지고 점차 맛이 좋아지는
  것을 느낄 수 있으니 오래 두고
  먹는 별미 장으로 만들 것을
  추천한다.
- 도토리로 만든 장은 담백하고
  깔끔한 맛이 나 국, 탕, 나물 등
  담백한 요리에 활용하기 좋다.
- 도토리의 아콘산은 중금속
  해독에 탁월한 효능이 있다.

- 조리, 발효, 숙성 약 35일
- 완성량 2kg

- 백태 2kg
- 도토리가루 130g

압력솥으로 콩 익히기

1 압력솥으로 콩 익히기(26쪽)
과정을 따라 콩을 삶는다.

재료 섞기 / 메주 빚기

2 삶은 콩을 채반에 밭쳐 물기를
빼고 한 김 식한다. 콩을
볼로 옮겨 콩이 뜨거울 때
도토리가루를 넣어 골고루
섞는다.

3 콩 입자가 거의 남지 않도록
절굿공이로 80~90% 찧는다.

4 찧은 콩을 둥글게 굴린 후
도마와 양손으로 각을 살려
직육면체 모양으로 빚는다.

… 삶은 콩의 무게는 약 4kg으로,
500g씩 8개로 분할해 빚는다.

… 공 모양으로 빚어도 좋다.

메주말리기 / 발효시키기

5 메주 말리기(28쪽),
발효시키기(29쪽) 과정을 따라
메주를 완성한다.

고구마메주

- 이색적인 전통장인 감저장(甘藷醬)을 만들 수 있다. 《정조지(鼎俎志)》에는 이 간장의 맛이 매우 달고 향기롭다고 적혀있다.
- 고구마의 은은한 단맛이 장맛을 부드럽게 해주므로 아이의 첫 간장, 된장으로 적당하다.

- ✔ 조리, 발효, 숙성 약 35일
- ✔ 완성량 2.5kg

- 백태 1kg
- 고구마 2kg

압력솥으로 콩 익히기

1 압력솥으로 콩 익히기(26쪽) 과정을 따라 콩을 삶는다.

재료 섞기 / 메주 빚기

2 고구마는 껍질을 대충 벗겨 찜기에 찐다.

··· 고구마 껍질을 그대로 사용하면 장 색이 지나치게 어두워지기 때문에 어느 정도 벗겨내는 것이 좋다. 다만 껍질에는 식이섬유와 항산화 성분이 풍부하므로, 완전히 제거하지 말고 적당히 남겨둔다.

3 삶은 콩을 채반에 밭쳐 물기를 빼고 한 김 식한다. 콩을 볼로 옮겨 고구마와 함께 입자가 거의 남지 않도록 절굿공이로 80~90% 찧는다.

4 찧은 콩을 둥글게 굴린 후 도마와 양손으로 각을 살려 직육면체 모양으로 빚는다.

··· 삶은 콩과 고구마의 무게는 총 4kg으로, 500g씩 8개로 분할해 빚는다.

··· 공 모양으로 빚어도 좋다.

메주말리기 / 발효시키기

5 메주 말리기(28쪽), 발효시키기(29쪽) 과정을 따라 메주를 완성한다.

서리태메주

- 서리태장은 검은콩의 깊은 풍미와 구수한 맛을 살려 담근 장으로 서리태 특유의 단단한 질감과 고소한 맛이 장에 자연스러운 감칠맛과 색감을 더한다.
- 서리태를 삶기 전 충분히 볶아 장을 담근다.

- ✓ 조리, 발효, 숙성 약 35일
- ✓ 완성량 3kg

- 서리태 1kg
- 보릿가루 2kg

압력솥으로 콩 익히기

1 서리태를 마른 팬에 담아 중간 불에서 볶는다.

2 압력솥으로 콩 익히기(26쪽) 과정을 따라 콩을 삶는다.

재료 섞기 / 메주 빚기

3 삶은 콩을 채반에 받쳐 물기를 빼고 한 김 식힌다. 콩을 볼로 옮겨 콩이 뜨거울 때 보릿가루를 넣어 골고루 섞는다.

4 콩 입자가 거의 남지 않도록 절굿공이로 80~90% 찧는다.

5 찧은 콩을 둥글게 굴린 후 도마와 양손으로 각을 살려 직육면체 모양으로 빚는다.

… 삶은 콩과 보릿가루의 무게는 총 4kg으로, 500g씩 8개로 분할해 빚는다.

… 공 모양으로 빚어도 좋다.

메주말리기 / 발효시키기

6 메주 말리기(28쪽), 발효시키기(29쪽) 과정을 따라 메주를 완성한다.

팥메주

- 팥메주로 담근 장은 단맛과 약간의 산미가 있으며, 질감이 부드럽다.
- 특히 나물 요리에 활용하기 좋다.
- 팥은 점성이 없기 때문에 찰기를 더해 성형하기 좋도록 통밀가루를 더한다.

- 조리, 발효, 숙성 약 35일
- 완성량 2kg

- 팥 1kg
- 백태 1kg
- 통밀가루 200g

압력솥으로 콩 익히기

1 압력솥에 백태를 넣은 후 물을 손가락 한 마디 높이로 잡고 센 불에서 끓인다.

2 큰 냄비에 팥, 잠길 만큼의 물을 붓고 센 불로 2분간 팔팔 끓인다.

3 팥을 끓인 물은 따라 버린다. 콩을 삶는 압력솥에서 추가 울리면 5분간 더 끓인 후 불을 끄고 증기가 빠질 때까지 기다린다. 뚜껑을 열어 콩을 한 번 뒤섞고 ②의 삶은 팥을 콩 위에 올린다. 압력솥으로 콩 익히기(26쪽) 과정③을 따라 콩을 삶는다.

재료 섞기 / 메주 빚기

4 삶은 콩과 팥을 채반에 밭쳐 물기를 빼고 한 김 식힌다. 볼로 옮겨 콩이 뜨거울 때 통밀가루를 넣어 골고루 섞는다.

5 입자가 거의 남지 않도록 절굿공이로 80~90% 찧는다.

6 찧은 콩을 둥글게 굴린 후 도마와 양손으로 각을 살려 직육면체 모양으로 빚는다.

… 삶은 콩, 팥과 통밀가루의 무게는 총 4kg으로, 500g씩 8개로 분할해 빚는다.

… 공 모양으로 빚어도 좋다.

메주말리기 / 발효시키기

7 메주 말리기(28쪽), 발효시키기(29쪽) 과정을 따라 메주를 완성한다.

간장 & 고추장용 **알메주**

- 익힌 콩을 잘게 으깨거나 찧지 않고 콩알 하나하나를 살려 띄운 것이다.
- 종균을 넣어 띄우기 때문에 다른 메주에 비해 띄우는 시간이 짧다.
- 곱게 갈아 메줏가루를 만들어 된장이나 고추장을 만들 때 활용할 수 있다.
- 알메주에는 메주 양의 2.5배의 소금물을 부어 장을 담글 수 있지만, 간장을 빼고 남은 메주에는 깊은 맛이나 영양이 거의 없기 때문에 된장을 만들기에는 적합하지 않다.

- 🔴 조리, 발효, 숙성 5~6일
- 🔴 완성량 약 1kg

- 백태 1kg
- 종균(황국균) 10g

압력솥으로 콩 익히기

1 압력솥으로 콩 익히기(26쪽) 과정을 따라 콩을 삶는다.

발효시키기

2 채반에 널어 뒤적이며 40℃까지 빠르게 식힌다.

… 온도계를 꽂아 체크해가며 뒤적인다.

3 콩을 넓은 볼로 옮겨 종균을 넣고 고루 섞는다.

4 바구니에 면포를 2장 깔고 콩을 고루 펼친다.

… 여름철에는 3㎝ 두께로, 겨울철에는 5㎝ 두께로 펼치면 적당하다.

… 면포가 마르면 발효가 원활하게 일어나지 않기 때문에 수분을 적당히 가둘 수 있도록 면포를 2장 사용한다.

5   수시로 내부 온습도를 체크할 수 있도록 콩 속에 온습도계를 넣고 면포로 윗면을 꼼꼼히 감싼다.

6   바구니를 종이상자에 넣고 입구를 살짝 덮은 후 그 위에 면포를 다시 덮고 외부 온도 28~33℃, 습도 40~60%를 유지하며 띄운다.

… 외부 온도가 낮은 경우 전기장판, 전기방석 같은 온열기구를 사용해 온도를 맞춘다.

… 콩이 잘 띄워지기 시작하면 하얀 균사가 조금씩 보인다.

7   내부 온도가 40~42℃까지 오르면 면포째로 꺼내 주걱으로 뒤적이고 30℃까지 식혀 다시 발효시킨다.

… 균사가 잘리지 않도록 넓은 주걱으로 살살 뒤집는다.

… 진액이 나오면 밀가루를 약간 섞어 수분을 잡아도 좋다.

8   알알이 누런 분이 덮인 듯 띄워지면 바구니에 널어서 바람이 잘 통하는 곳에서 바짝 말린다.

… 띄우는 시간은 약 30~36시간 걸린다.

… 곰팡이 색이 흰색 → 병아리색 → 옅은 녹색으로 변한다.

… 알메주 건조는 봄, 가을, 겨울에는 3~4일이면 충분하지만 습도에 따라 일주일까지도 걸릴 수 있으며, 습한 여름이라면 식품용 건조기에 말린다.

고추장 메주

- 된장·간장용 메주와 달리 콩 단백질을 발효시키는 것보다 곡물의 전분을 당화시키는 것이 핵심이다. 백태와 같은 양의 통밀가루를 섞어 발효시키면 전분이 당으로 변해 고추장의 자연스러운 단맛과 점도가 만들어진다.
- 쿰쿰한 발효취보다 부드러운 단맛을 부각시키기 위해 크기를 작게 빚어 짧게 발효시킨다.

- 조리, 발효, 숙성 10일
- 완성량 1kg

- 백태 500g
- 통밀가루 500g

압력솥으로 콩 익히기

1 압력솥으로 콩 익히기(26쪽) 과정을 따라 콩을 삶는다.

재료 섞기 / 메주 빚기

2 삶은 콩을 채반에 밭쳐 물기를 빼고 한 김 식힌다. 콩을 볼로 옮겨 콩이 뜨거울 때 통밀가루를 넣어 골고루 섞는다.

3 콩 입자가 거의 남지 않도록 절굿공이로 80~90% 찧는다.

4 찧은 콩을 둥글납작하게 빚은 후 가운데 구멍을 내 도넛 모양으로 만든다.

… 삶은 콩과 통밀가루의 무게는 약 1.5kg으로, 250g씩 8개로 분할해 빚는다.

메주 말리기

5 바구니에 김발을 깔고 메주를 적당한 간격을 두고 올린 후 서늘한 곳에서 2~3일간 건조시킨다.

… 아침저녁마다 앞뒤로 한 번씩 뒤집어 수분이 고루 마르도록 한다.

발효시키기

6 겉이 적당히 마른 메주는 종이상자에 바구니째로 옮긴다. 상자를 이불이나 담요로 감싸 2~3일간 28~30℃ 정도의 실내에 두고 발효시킨다.

… 고추장 메주는 깔끔한 맛의 고추장을 만들기 위해 작게 빚어 짧게 발효시킨다.

7 상자에서 바구니를 꺼내 공기가 잘 통하는 25℃ 정도의 실내에 두고 5~7일간 건조시킨다. 메주가 잘 마르면 곱게 빻아 고추장 담글 때 사용할 수 있다.

메줏가루

- 잘 띄운 메주를 말려 빻은 가루로, 주로 고추장 메주, 알메주로 만든다.
- 된장, 고추장을 만들 때 섞어 발효가 안정적으로 진행되도록 하고, 장의 풍미를 깊게 한다.

· 고추장 메주(또는 알메주)

1 메주는 비닐에 담아 망치나 방망이로 찧어 대강 부순다.

2 맷돌믹서나 푸드프로세서에 넣고 곱게 간다.

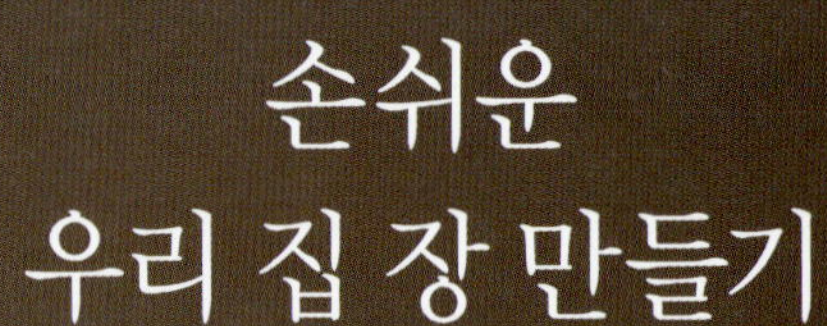

손쉬운
우리 집 장 만들기

장 만들기는 복잡한 과정처럼 보이지만, 정성껏 띄운 메주에 소금물을 더하거나,
가루를 내 다른 재료와 섞은 후 장독에 담아두면 시간과 온도가 알아서 맛을 완성해줍니다.
중요한 것은 정해진 비율의 재료를 섞고 바람이 잘 통하는 깨끗한 환경에서 숙성시키는,
기본을 지키는 일입니다. 누구나 집에서도 된장과 간장, 고추장, 그리고 청국장까지
손쉽게 만들 수 있도록 단계별 과정을 소개합니다.

장 담그기

- '장 담그기'란 콩을 기본 재료로 발효시킨 메주를 장독에 담아, 소금물을 넣고 숙성시키는 과정을 뜻한다. 11~12월 메주를 띄운 후 다음 해 1~2월에 장을 담그는 것이 좋다.

- 장이 익는 동안 발효가 진행되면서 짠맛·구수함·감칠맛이 어우러져 장 고유의 풍미가 완성된다.

- 장은 장독에 담아 공기가 잘 통하는 곳에 두어 천천히 익힌다. 장독은 미세한 통기성이 있어 발효 중 생기는 가스를 숨 쉬듯 자연스럽게 내보내고, 외부 공기는 적당히 통과시켜 균이 안정적으로 자라며 깊은 맛이 형성되도록 돕는다.

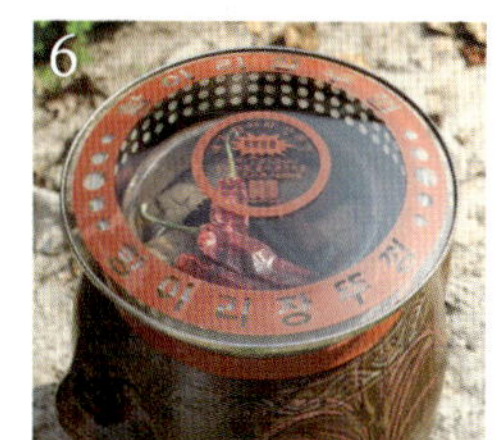

☑ 조리, 발효, 숙성 40일

☑ 장독 크기 10ℓ

- 메주 8개(2kg)
- 천일염 1.4kg
- 생수 7ℓ(또는 정수)
- 건고추 2~5개(생략 가능)
- 건대추 5~10개(생략 가능)
- 참숯 1~3개(생략 가능)

골마지가 떠오르면 주정을 뿌려 소독한 체로 걷어낸다.

1. 생수에 천일염을 녹여 소금물을 만들고 2~3일간 불순물을 가라앉힌다. 염도 8~10%의 소금물을 따로 준비해 메주의 겉면을 적셔가며 거친 솔로 문질러 불순물을 제거한다.

2. 장독은 깨끗하게 씻어 잘 말린 후 주정을 뿌려 소독한다.

3. 참숯은 물에 헹군 후 잘 말린다.

4. 장독 안에 메주를 차곡차곡 쌓는다.

5. 불순물을 가라앉힌 소금물의 윗물(6ℓ)만 떠서 장독에 붓고 건고추, 건대추, 참숯을 넣는다. 가라앉은 불순물과 남은 소금물은 버린다.

   … 건고추, 건대추, 숯은 살균, 정화 기능이 있고, 액운을 막고 복을 불러들인다고 하여 장 담글 때 함께 넣는다. 하지만 꼭 필요한 것은 아니니 넣지 않아도 된다.

6. 유리 장독 뚜껑으로 덮어 40일간 바람이 잘 통하는 곳에 두고 관리한다.

   … 아파트에서 장을 담글 경우, 베란다에 두거나 부엌 쪽 창을 열어 환기가 잘되는 곳에 둔다.

장 가르기 & 간장 만들기

- '장 가르기'란 장이 충분히 익은 후 소금물과 메주를 각각 간장, 된장으로 숙성시키기 위해 장독에 나누어 담는 과정이다.
- 장을 담고 약 40일 후, 장이 잘 익어 전체적으로 짠맛과 구수한 향을 고루 머금었을 때 가르면 좋다.
- 간장과 된장을 분리한 후 간장은 소독한 장독에 옮겨 담아 숙성시키고, 된장은 다른 맛내기 재료와 고루 섞어 장독에서 익힌다.

1-1

1-2

2

3

- 조리, 발효, 숙성 6개월
- 완성량 2.5~3ℓ(장독 크기 4ℓ)

1 장이 잘 익었으면 건고추, 건대추, 참숯을 건져낸다.

2 주정을 뿌려 소독한 다른 장독에 깔때기를 걸고, 그 위에 면포를 씌운 후 간장을 떠 거른다.

3 간장은 입구에 장독용 메쉬 커버를 씌운 후 뚜껑을 덮거나, 유리 장독 뚜껑을 덮어 바람이 잘 통하는 곳에서 6개월간 숙성시킨다.

… 메쉬 커버를 씌울 때는 고무줄로 단단하게 한 번 더 묶어 벌레가 들어가지 않도록 한다.

… 6개월 숙성시킨 이후부터는 밀폐 용기에 담아 냉장 보관하며 사용해도 좋다. 6개월~1년 숙성시킨 간장을 '청장'이라 하며, 필요에 따라 장독에서 더 숙성시켜 중장, 진장으로 사용해도 좋다(41쪽 참고).

🔴 간장의 종류, 분류 방식 이해하기

- 간장은 오랜 세월 우리 식문화와 함께해온 대표적인 발효 조미료로, 자연 재료와 발효 과학의 조화가 만들어낸 깊은 감칠맛을 지닌다.
- 국물 요리, 볶음, 조림, 무침 등 다양한 음식에 사용되며, 단순한 간을 맞추는 수준을 넘어 요리의 풍미와 완성도를 높인다.
- 오늘날 간장은 전통 한식뿐 아니라 퓨전 요리, 소스, 마리네이드, 드레싱 등에서도 활용되며, 지역과 제조 방식에 따라 각기 다른 맛과 향으로 한국 발효 문화의 다양성을 보여준다.

숙성 기간에 따른 전통적인 분류

간장은 숙성 기간에 따라 종류도, 활용 방법도 다채롭다. 재료 본연의 맛을 극대화하고, 조화로운 맛을 내기 위해 간장의 용도를 목적에 맞게 구분하였던 우리 조상의 지혜를 엿볼 수 있다.

구분	청장(淸醬)	중장(中醬)	진장(眞醬)
숙성 기간	1년 미만~2년	2년~ 5년 미만	5년 이상
색	맑고 투명한 금빛	어두운 갈색	검정에 가까운 갈색
맛	가볍고 깔끔하면서 염도가 높음	감칠맛과 짠맛의 조화	깊고 농도 진한 감칠맛과 단맛
용도	국, 나물 무침	찌개, 볶음 요리 등 다양한 요리에 두루 사용	조림, 약식, 장김치 등

시판 간장의 분류

간장은 산업화 이후 공장에서 대량 생산되며 제조 방식에 따라 여러 종류로 나뉜다.
전통 방식 외에도 개량 메주로 만든 양조간장, 화학적으로 분해한 산분해간장 등이 있으며,
각각의 제조법에 따라 맛과 품질에 뚜렷한 차이를 보인다.

구분	한식간장	양조간장	산분해간장
제조 방식	콩과 메주를 발효, 숙성	탈지대두와 밀에 효소를 넣고 발효, 숙성	탈지대두에 염산을 사용해 가수분해
발효 기간	6개월 이상	1개월 내외	2주 내외
맛	깊고 구수함	짠맛과 단맛	짠맛이 강하며 향이 적음
용도	국, 찌개, 나물	조림, 볶음, 양념장	대량 생산 조미료, 저렴한 간장

된장 만들기

- 전통 된장은 장을 담근 독에서 간장을 빼낸 후 남은 메주에 메줏가루, 간장 등을 더해 만든다.
- 1924년에 발간된 《조선무쌍신식요리제법》에는 다양한 종류의 장이 소개되어 있다. 검은콩과 보릿가루로 만든 콩장, 팥장, 대맥장을 비롯해 즙장(담수장), 무장, 가집장, 어장, 육장, 청대장뿐만 아니라 두부장, 비지장, 고기를 넣어 만든 잡장 등 별미 장도 소개되어 전통 장의 다양성과 독창성을 엿볼 수 있다.

- 조리, 발효, 숙성 6개월
- 완성량 4~5kg(장독 크기 6ℓ)

- 장 가르고 남은 메주 8개(4kg)
- 메줏가루 200g
- 장 가를 때 나온 간장 1~3컵

1 장 가르고 남은 메주를 큰 그릇에 담아 손으로 부순다.

2 메주에 메줏가루를 넣고 고루 섞는다.

3 간장을 조금씩 부어가며 고루 섞고 끈기가 느껴지고 부드러워질 때까지 치댄다.

4 장독에 주정을 뿌려 소독한다.

5 장독에 깔때기를 걸고 된장을 담은 후 비닐을 밀착시켜 덮는다.

6 장독 입구에 장독용 메쉬 커버를 씌운 후 뚜껑을 덮거나, 유리 장독 뚜껑을 덮어 바람이 잘 통하는 곳에서 6개월간 숙성시킨다. 이후 위아래를 잘 섞고 밀폐 용기로 옮겨 냉장 보관한다.

… 메쉬 커버를 씌울 때는 고무줄로 단단하게 한 번 더 묶어 벌레가 들어가지 않도록 한다.

❗ 막장 만들기

막장은 이름처럼 손쉽게 만들어 바로 먹을 수 있는 장이며, 메줏가루에 맛을 내는 재료를 섞어 오래 숙성시키지 않고 바로 먹을 수 있게 만든 반(半)발효 양념장이다. 찌개나 강된장, 나물무침에 된장 대신 사용하거나 쌈장 대신 먹을 수 있다. 사용 후 떠낸 자리를 평평하게 다듬고, 비닐을 덮어 공기 접촉을 차단해두면 2~3년까지 보관 가능하다.

메줏가루 1kg, 간장 700㎖, 까나리액젓 300㎖, 다시마물 500㎖(53쪽), 소금 70~100g

1. 재료를 모두 섞어 밀폐 용기에 담는다.
2. 윗면에 비닐을 밀착시켜 덮는다.
3. 바람이 잘 통하는 곳에 3~4일, 냉장고에 5일 두었다가 먹는다.

❗ 된장 vs. 미소

비슷한 식문화를 가지고 있는 이웃나라 일본에는 우리의 된장과 유사한 미소가 있다. 모두 콩을 발효하여 만든다는 공통점이 있지만, 각각의 문화와 기후, 식습관에 맞게 발달하면서 독특한 차이를 보인다.

	한국 전통 된장	일본 미소 된장
재료	메주, 소금	삶은 콩, 쌀누룩, 소금
발효기간	6개월에서 1년 이상	1~6개월
맛	짠맛, 구수한 풍미	단맛, 감칠맛
질감	거칠고 알갱이 있음	부드럽고 크리미함
활용	찌개, 무침, 쌈장	국, 소스, 드레싱
특징	• 자연 발효로 환경에 따라 맛과 상태가 변화한다. • 유기산, 항산화물질이 풍부하고 장 건강을 돕는 유익균이 많다.	• 접종 발효로 비교적 맛과 상태가 일정하다. • 소화 흡수가 빠르고, 유익균의 양은 비교적 적은 편이다.

고추장 만들기

- 고추장은 우리 식탁을 대표하는 맛이자 전통의 지혜가 담긴 발효 식품이다. 짠맛·단맛·매운맛·그리고 깊은 감칠맛이
  조화를 이루어 한국 요리 특유의 풍미를 완성한다.

- 16세기 고추가 전래된 후부터 만들기 시작했다. 이미 장이 널리 쓰이고 있던 때라 고추를 들여오자 이를 응용해
  제조한 것으로 여겨진다. 《증보산림경제》에는 '만초장'이라는 이름으로 고추장 제조방법이 최초로
  기록되어 있으며, 《규합총서》에도 기록이 있어 이 시기에 이미 고추장 담그기가 연중 행사였음을 짐작할 수 있다.

- 찌개, 비빔밥, 양념에 이르기까지 우리 식문화 곳곳에서 없어서는 안 될 중요한 역할을 하고 있으며
  전 세계적으로도 사랑받고 있다.

- ● 조리, 발효, 숙성 2개월
- ● 완성량 2kg(장독 크기 3ℓ)

- 고운 고춧가루 500g
- 조청 500g
- 식혜 1ℓ
- 찹쌀가루 1컵
- 메줏가루 200g
- 소금 200~250g
- 액젓 1컵

1 냄비에 식혜를 넣고 중약 불에서 끓인다. 한동안 끓여 반쯤 졸아들면
  찹쌀가루를 넣고 잘 푼다.

2 계속 저어가며 가열해 걸쭉한 풀을 쑨 후 미지근하게 식힌다.

3 큰 볼에 찹쌀풀, 고춧가루, 메줏가루, 소금, 액젓을 넣고 치대어 섞는다.

   … 소금은 장 전체 무게의 약 10%만큼 넣는다. 더운 여름에 만든다면 약 13% 까지
   늘리는 것이 좋다.

4 계속 섞어서 소금이 다 녹으면 조청을 넣고 10분간 더 섞는다. 충분히
  치대어 찰기가 생기면 30분간 그대로 두었다가 다시 전체적으로 섞는다.

   … 마른 재료가 수분을 충분히 흡수하도록 30분간 그대로 두어 휴지한다.

   … 조청은 입맛에 따라 400~600g 내에서 조절하여 넣는다.

5   장독에 주정을 뿌려 소독한다.

6   장독에 깔때기를 걸고 고추장을 담는다.

7   장독 입구에 장독용 메쉬커버를 덮어 고무줄로 묶고, 장독 뚜껑을 덮어 바람이 잘 통하는 곳에서 2개월간 숙성시킨다. 이후 위아래를 잘 섞어 밀폐 용기로 옮기고 냉장 보관한다.

… 메쉬 커버를 씌울 때는 고무줄로 단단하게 한 번 더 묶어 벌레가 들어가지 않도록 한다.

❗ 장 보관 중 곰팡이 발생 시 관리법

장은 살아 있는 발효 식품이기 때문에 보관 환경과 습도에 따라 표면에 곰팡이가 생길 수 있다. 곰팡이의 색, 냄새, 확산 정도를 보고 대응 방법을 알아두는 것이 중요하다.

곰팡이 발생을 예방하는 장 보관법	흰색·옅은 회색 곰팡이	녹색·파란색·검은색 곰팡이
• 보관 온도는 4~7℃로 일정하게 유지 • 사용 후 표면을 평평하게 다듬고 공기 접촉 차단 • 물기, 이물질이 묻은 도구 사용 금지 • 용기는 항상 깨끗하고 건조하게 유지	• 대부분 효모 또는 표면균으로 비교적 안전한 편이다. • 냄새가 심하지 않고 표면에 얇게 피어 있다면 나머지 장은 그대로 사용할 수 있다. 해당 부분을 약 1cm 두께로 넉넉히 걷어내고, 표면을 평평하게 다듬은 후 소금을 살짝 뿌리거나 랩을 밀착해 공기 접촉을 줄인다.	• 부패성 곰팡이일 가능성이 높으며, 냉장 온도가 불안정할 때, 물기나 오염이 닿았을 때, 흰색 곰팡이가 발생한 채로 오랜 시간 방치했을 때 발생하기 쉽다. • 색이 짙고 냄새가 좋지 않거나 장 내부까지 번진 경우에는 섭취하지 않고 전량 폐기한다. • 용기는 깨끗이 씻어 잘 말린 후 주정으로 소독해 다시 사용한다.

청국장 만들기

- 비교적 짧은 시간에 완성되는 발효 식품으로, 전통적으로는 겨울철 온돌방 등 따뜻한 환경에서 만들었지만 지금은 계절에 관계 없이 제조할 수 있다.

- 콩이 고초균(201쪽 참고)에 의해 발효되면서 단백질이 분해되어 감칠맛과 아미노산이 풍부해지고, 이 과정에서 생성된 유익균은 장 건강을 개선하고 면역력을 높이는 데 도움을 준다.

- 청국장은 찌개나 국물 요리뿐 아니라 다양한 형태로 활용되고 있다. 가공 기술의 발전으로 청국장 가루, 캡슐, 스틱 형태의 간편 제품이 개발되어 바쁜 생활 속에서도 쉽게 섭취할 수 있다.

- 비건 요리나 글루텐 프리 식단에도 활용되며, 웰빙 트렌드와 맞물려 세계적으로도 관심을 받고 있다.

- 조리, 발효, 숙성 2일
- 완성량 2kg

· 백태 1kg

1 압력솥으로 콩 익히기(26쪽) 과정을 따라 콩을 삶고, 채반에 밭쳐 한 김 식힌다.

2 볼에 면포를 깔고 콩을 담아 사방을 탄탄하게 매듭짓는다.

… 콩이 마르지 않도록 넓게 펼치지 않고 두께감 있게 면포에 싸둔다.

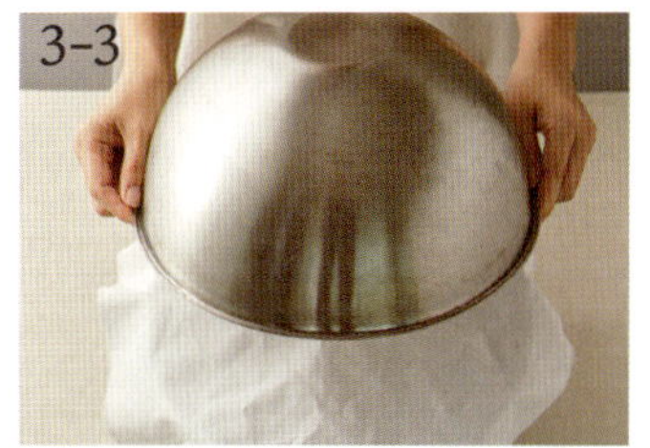 

3 면포 아래 바구니 또는 채반을 깔고 다른 면포 한 장을 볼에 덮은 후 다른 볼을 뚜껑 삼아 덮는다.

⋯ 콩이 발효되면서 생기는 열기 때문에 뚜껑에 물이 맺히는데, 면포를 덮으면 맺힌 물이 떨어져도 콩에 바로 닿지 않고 빠르게 건조시킬 수 있으니 반드시 면포를 덮는다.

4 이틀간 30~33℃의 온도에 두고 띄운다.

⋯ 잘 띄워진 청국장은 뒤적이면 거미줄같은 실이 나온다.

⋯ 겨울에는 온열기구를 사용해 온도를 유지한다. 볼을 덮은 면포 위에 온도계를 두고 측정한다.

5 용도에 맞게 절굿공이로 찧은 후 소분해 냉동 보관한다.

⋯ 생식할 경우 찧지 않고, 요리에 쓰거나 찌개를 끓일 경우 50~90% 찧는다.

🔴 청국장 vs. 낫토

한국에 청국장이 있다면, 일본에는 낫토가 있다. 낫토는 청국장과 마찬가지로 삶은 콩을 발효시켜 만들지만, 그 발효 과정과 특징에서 독자적인 개성을 가지고 있다.

구분	청국장	낫토
재료	삶은 콩	
발효 미생물	공기 중에 존재하는 고초균	볏짚에 존재하는 납두균
맛과 향	구수하고 깊은 발효의 향	암모니아 특유의 발효 향
식감	점성이 있으나 끈적하지 않음	매우 끈적하고 실이 나는 식감
요리 활용	찌개, 국물 요리, 조미료로 활용	간장, 겨자, 파 등을 곁들여 주로 밥과 함께 섭취

3

장으로 만든
양념과 소스 & 요리

우리 양념은 발효된 장류를 기본으로
다양한 재료를 더해 만듭니다. 장을 활용한
양념은 재료의 잡내를 없애는 데 탁월하고,
대체로 복잡한 조리 과정 없이도 쉽게 감칠맛을
낼 수 있지요. 장류와 향신채, 향신료 등
다양한 재료가 어우러져 무수한 변주가 가능한
우리 양념과 소스, 그를 활용한 요리 레시피를
소개하니, 집밥에 유용하게 활용해보세요.

* 여기에 쓰인 간장은 직접 만든 간장을 6개월~1년간 숙성시킨 것을
  기준으로 했습니다. 간장을 구입해 만든다면 재래식으로 만든
  시판 제품을 쓰면 됩니다.

* 고추장, 된장은 직접 만든 것을 사용하거나 재래식으로 만든
  시판 제품을 사용하세요.

* 양념과 소스의 완성량이 너무 많다면 양을 동일한 비율로 줄여
  같은 방법으로 만들어도 좋습니다. 단 끓이거나 졸이는 과정이 있는 경우
  불 세기, 가열 시간을 안내한 것보다 조금 줄여 조절하는 것을 추천합니다.

장 양념과 소스 기본 비법

•

맛의 밸런스 맞추기

장류는 염도가 높은 편이고 고유의 맛과 향이 강하므로
수분, 단맛, 신맛을 더해 균형을 맞추는 것이 좋습니다.
채수 · 과일 · 맛술 등을 더하면 장 고유의 풍미는 유지하면서
짠맛은 부드러워지고 감칠맛은 깊어집니다.

• •

불 세기 조절하기

장에는 당분과 아미노산이 많아 센 불에서 가열하면 쉽게 타고 쓴맛이 납니다.
약한 불에서 중간 불 정도로 서서히 끓여
향이 스며들게 하면 풍미가 깊은 양념이 됩니다.

• • •

용도에 따라 농도 조절하기

볶음, 조림, 무침 등 용도에 따라 농도를 달리해야 양념이 고루 배고
주재료가 돋보입니다. 농도가 너무 묽다면 전분물을 더하거나 충분히 끓여
윤기와 농도를 함께 조절할 수 있습니다.

• • • •

변질 방지하기

장에 다른 재료를 더해 만든 양념과 소스는 장 본연의 상태에 비해 변질되기 쉽습니다.
완전히 식힌 후 밀폐해 냉장 보관하면 색과 향을 오래 유지할 수 있습니다.

- 양념과 소스를 만들기 전 완성량을 고려해 적절한 크기의 용기를 준비하세요.
- 쌈장 양념과 소스에 활용된 쌈장은 된장과 고추장을 3 : 1 비율로 섞은 것으로,
  각 레시피에도 비율을 표기해두었습니다.

간장

맛과 향을 내는 재료를 간장과 함께 끓이거나 섞으면 간장의 감칠맛이
조화롭게 어우러져 깊은 맛을 냅니다.

맛간장

이렇게 활용하세요

간편하게 맛내기용으로 이용할 수 있고
볶음 요리에 활용하기 좋다.

이 책에서는 이렇게 사용했어요

말린 묵 소고기볶음(62쪽), 만능 양념고추장(82쪽),
매실 고추장 장아찌(156쪽),
간장 포크캐서롤(172쪽), 간장 카수엘라(176쪽)

조림간장

이렇게 활용하세요

조림 요리에 넣어 재료 특유의 냄새를 없애고 맛있는
향이 배도록 활용한다.

이 책에서는 이렇게 사용했어요

연근튀김 간장조림(64쪽), 조림 양념고추장(86쪽),
만능 양념된장(100쪽), 깻잎 양념 장아찌(143쪽),
간장 치킨케이크(174쪽),
고추장소스 치킨 새우파스타(182쪽)

맛간장

- 완성량_700㎖
- 조리 시간_1시간
- 보관 기간_냉장 3개월

- 간장 1컵
- 다시마물 1컵
- 청주 2/3컵
- 흑설탕 1/2컵(또는 황설탕)
- 올리고당 2/3컵
- 양파 1개(200g)
- 마늘 10쪽(50g)
- 생강 1톨(마늘 크기, 5g)
- 건고추 3개(9g)
- 통후추 10알

- **다시마물(1컵만 사용)**
- 다시마 2장(10×10cm, 16g)
- 물 7컵(1.4ℓ)

1 냄비에 물, 다시마를 넣고 약한 불로 30분간 끓여 다시마물을 만든다. 다시마는 건져낸다.

… 냉장에서 3일간 보관 가능하다. 남은 다시마물은 달걀찜, 죽, 조림 등을 할 때 활용할 수 있다.

2 양파를 채 썬다.

3 팬에 양파를 넣고 기름 없이 중약 불에서 갈색이 되도록 볶는다.

4 냄비에 ③의 양파, 모든 재료를 넣고 중간 불에서 20분간 끓인 후 체에 거른다.

조림간장

- 완성량_1.5ℓ
- 조리 시간_30분
- 보관 기간_냉장 3개월

- 간장 3컵
- 와인 1.5컵
- 양파 2개(400g)
- 마늘편 7~8쪽 분량(35g)
- 생강편 1톨 분량 (마늘 크기, 5g)
- 깻잎 20장(40g)
- 건고추 10개(30g)
- 통후추 1큰술
- 꿀 약 1과 1/4컵(280g)
- 설탕 1컵(150g)
- 올리고당 약 1/2컵(120g)

1 양파, 깻잎은 채 썬다.

2 팬에 양파를 넣고 기름 없이 중약 불에서 갈색이 되도록 볶는다.

3 냄비에 ②의 양파, 모든 재료를 넣고 중간 불에서 15분간 끓인 후 체에 거른다.

단맛 간장

이렇게 활용하세요

사과, 양파 등을 함께 끓여 달콤한 맛을 낸 간장.
일반 간장보다 한층 부드럽고 깊은 단맛이 감돌며,
장조림, 어묵조림, 멸치볶음 등 진한 간장 양념이
필요한 요리에 잘 어울린다.

이 책에서는 이렇게 사용했어요

쯔유(57쪽), 고추 다짐장(60쪽),
오징어 꽈리고추 장조림(66쪽),
간장 연어필라프(178쪽)

❷ 완성량_2ℓ

❷ 조리 시간_1시간(+숙성시키기 1일)

❷ 보관 기간_냉장 3개월

- 간장 6컵(1.2ℓ)
- 채수 1.5컵
- 흑설탕 1컵(150g, 또는 황설탕)
- 맛술 1.5컵
- 청주 1컵
- 사과 1개(200g)
- 레몬 슬라이스 1개 분량(100g)

● **채수**
- 양파 1개(200g)
- 당근 1/4개(50g)
- 마늘편 6쪽 분량(30g)
- 생강편 4톨 분량(마늘 크기, 20g)
- 통후추 1큰술
- 물 2컵
- 청주 1/2컵

1 채수 재료의 양파, 당근을 사방 0.7cm 크기로 썬다. 사과는 껍질을 벗겨 따로 두고 과육은 한입 크기로 썬다.

2 냄비에 채수 재료를 모두 넣고 센 불에 끓인다. 끓어오르면 중간 불로 줄여 냄비를 기울였을 때 3~4큰술 정도의 물이 남을 때까지 끓인다.

… 채수에는 표고버섯 불린 물, 대추를 돌려 깎기하고 남은 대추 씨를 넣어도 좋다.

3 채수 속 재료를 면포에 넣고 꼭 짜낸다.

… 완성된 채수는 약 1.5컵(300㎖)이 된다.

4 냄비에 간장, 채수, 흑설탕, 사과 껍질을 넣고 센 불에서 끓어오르면 약한 불로 줄여 15분 더 끓이고 껍질은 건져낸다.

5 ④에 맛술, 청주, 사과 과육을 넣고 센 불에서 끓어오르면 불을 끈다.

6 레몬 슬라이스를 넣고 뚜껑을 덮은 후 24시간 후에 거른다.

… 간장 물에 졸여진 사과 과육은 수육이나 무침에 곁들이면 좋다.

볶음 약간장

- 완성량_600㎖
- 조리 시간_1시간
- 보관 기간_냉장 3개월

- 간장 2/3컵
- ▶ 약재물 1컵
- 구기자 20g
- 올리고당 1/2컵
- 다진 마늘 1큰술
- 다진 파 2큰술
- 참기름 2큰술
- 깨소금 1큰술
- 후춧가루 1/4작은술

- **약재물**
- 약재 20g(당귀, 천궁 등)
- 물 2.5컵(500㎖)

이렇게 활용하세요

약재의 향이 스며들어 깊은 맛을 내는 간장. 우엉, 연근 같은
뿌리채소나 잡채를 볶을 때 넣으면 풍미가 한층 깊어지고 고소한
감칠맛이 살아난다.

이 책에서는 이렇게 사용했어요

소고기 우엉잡채(68쪽), 소고기 무솥밥(74쪽), 오방색 비빔밥(94쪽)

1 냄비에 약재, 물을 넣고
중약 불에서 30~40분간
끓인다. 물이 1컵 정도 남으면
약재를 모두 건져낸다.

2 ①에 나머지 재료를 모두 넣고
중약 불에서 끓어오르면 바로
불을 끄고 식힌다.

쯔유

- 완성량_1.5ℓ
- 조리 시간_30분
- 보관 기간_냉장 3개월

- 단맛 간장 1.5컵
  ＊ 만들기 54쪽
- 짠맛 약간장 1/4컵
  ＊ 만들기 59쪽
- 맛술 6컵(1.2ℓ)
- 구운 국물용 멸치 30마리(30g)
- 다시마 2.5장(10×10cm, 20g)
- 건표고 10개(30g)
- 가다랑어포 4컵(20g)

이렇게 활용하세요

가다랑어포를 넣어 깊고 진한 감칠맛을 낸 간장 소스. 메밀면, 우동, 샤브샤브 등 다양한 요리에 간편하게 활용할 수 있다. 국물로 활용할 때는 쯔유와 물을 1:7의 비율로 섞어 쓰면 적당하다.

이 책에서는 이렇게 사용했어요

달걀 듬뿍 메밀김밥(70쪽)

1 냄비에 가다랑어포를 제외한 모든 재료를 넣고 중간 불에서 10분간 끓인다.

2 가다랑어포를 넣고 불을 끄고 10분간 둔 후 체에 걸러 완전히 식힌다.

비빔용 간장

◯ 완성량_400㎖
◯ 조리 시간_3분
◯ 보관 기간_냉장 14일

- 간장 1/2컵
- 다진 마늘 1큰술
- 조청 1큰술
- 맛술 1큰술
- 들깨가루 1/2컵(40g)
- 들기름 3큰술
- 영양부추 송송 썬 것 1줌
  (60g, 또는 쪽파)

이렇게 활용하세요

들기름과 들깨가루의 고소한 풍미를 살린 양념장으로, 짠맛보다는
고소하고 부드러운 맛이 두드러져 들기름의 향을 한층 돋워준다.
비빔면, 들기름국수, 버섯·나물무침 등에 두루 활용하기 좋다.

이 책에서는 이렇게 사용했어요

들기름 비빔 간장국수(72쪽), 소고기 무솥밥(74쪽)

1 볼에 모든 재료를 넣고
   잘 섞는다.

짠맛 약간장

- 완성량_1ℓ
- 조리 시간_1시간
- 보관 기간_냉장 3개월

- 간장 2.5컵(500㎖)
- 물 2.5컵(500㎖)
- 청주 1/2컵
- 흑설탕 1/2컵(75g, 또는 황설탕)
- 생강 1톨(마늘 크기, 5g)
- 마늘 1/2컵(75g)
- 통후추 10알
- 건고추 2~3개(6g)
- 양파 1개(200g)
- 대추 3개(9g)
- 황기 1조각(5g)
- 헛개나무 1조각(5g)
- 감초 1조각(2g, 생략 가능)

이렇게 활용하세요

양파를 갈색이 돌 때까지 볶아 단맛을 끌어낸 뒤, 간장과 약재를 함께
끓여 만든 깊고 깔끔한 맛의 간장. 삼계탕, 조개탕 등
맑은 국물 요리에 간을 할 때 사용하면 짠맛이 부드럽게 감돌며
건강한 감칠맛을 더해준다.

이 책에서는 이렇게 사용했어요

쯔유(57쪽), 약간장 누룽지 삼계탕(76쪽),
간장 포크캐서롤(172쪽), 고추장 굴라쉬(184쪽)

1 양파는 채 썬다.

2 팬에 양파를 넣고 기름 없이
중약 불에서 갈색이 되도록
볶는다.

3 냄비에 ②의 양파와 모든 재료를
넣고 중간 불에서 40~50분간
끓인 후 체에 거른다.

고추 다짐장

- 완성량_700㎖
- 조리 시간_15분(+ 숙성시키기 1일)
- 보관 기간_냉장 1개월

- 단맛 간장 1과 1/3컵
  ＊ 만들기 54쪽
- 풋고추 30개(300g)
- 청양고추 10개(100g)
- 꿀 3과 1/3큰술(50g)

이렇게 활용하세요

잘게 다진 풋고추와 청양고추에 단맛 간장, 꿀을 넣고 숙성시켜
알싸하고 달짝지근한 양념장.샐러드 드레싱이나 전, 튀김류의
곁들임 장으로 사용하거나, 고기구이, 비빔밥, 냉채소스로 활용하면
상큼한 매운맛이 입맛을 돋워준다.

이 책에서는 이렇게 사용했어요

고추 다짐장의 등심 샐러드(77쪽)

1 풋고추, 청양고추는 반을 갈라
   씨를 빼내고 곱게 채 썬다.

2 단맛 간장, 꿀을 넣고 잘
   섞는다.

3 ①의 고추에 ②의 양념장을
   붓고 하루 동안 실온에서
   숙성시킨다.

말린 묵 소고기볶음

말린 도토리묵의 꼬들꼬들하고 쫄깃한 식감과 달콤 짭짤한 양념의 맛을 살린 별미 반찬입니다.

양념과 소스 준비하기
맛간장
만들기 52쪽

✓ 완성량_3~4인분

✓ 조리 시간_20분(+말린 묵 불리기 1시간)

- 말린 도토리묵 100g
- 소고기 채 썬 것 30g(우둔살)
- 양파 1/2개(100g)
- 풋고추 2개(20g)
- 홍고추 1개(10g)
- 식용유 2큰술
- 통깨 1/2작은술
- 소금 약간

볶음 양념
- 맛간장 3큰술
  ＊ 만들기 52쪽
- 참기름 2작은술
- 다진 마늘 1.5작은술
- 소금 1/2작은술
- 통깨 간 것 1.5작은술
- 후춧가루 약간

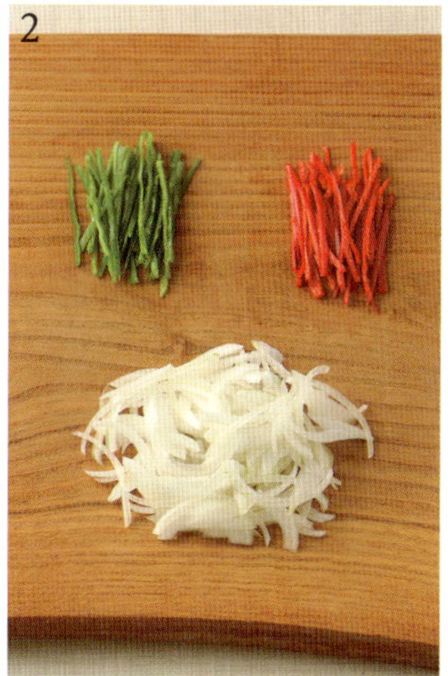

1   말린 묵은 미지근한 물에 1시간 불린다. 냄비에 넉넉한 양의 물, 소금(약간)을 넣고 끓여 센 불에 5분간 데친 후 체에 밭쳐 물기를 뺀다.

2   풋고추, 홍고추는 반을 갈라 씨를 빼고 채 썬다. 양파도 채 썬다.

3   볼에 볶음 양념 재료를 모두 넣고 섞는다.

4   소고기 채 썬 것은 ③의 볶음 양념 1큰술을 넣고 양념한다.

5   달군 팬에 식용유를 두르고 ④의 소고기를 넣고 중간 불에서 잠시 볶는다. ②의 재료를 넣고 고기가 다 익을 때까지 볶다가 ③의 볶음 양념 1큰술을 넣어 간한다.

6   ①의 말린 묵을 넣고 마저 볶은 후 나머지 볶음 양념을 넣어 간을 맞춘다. 다 볶은 후 통깨를 뿌린다.

연근튀김 간장조림

바삭하게 튀긴 연근을 맛깔나는 양념에 조려 밑반찬뿐만 아니라 간식으로도 활용할 수 있습니다.

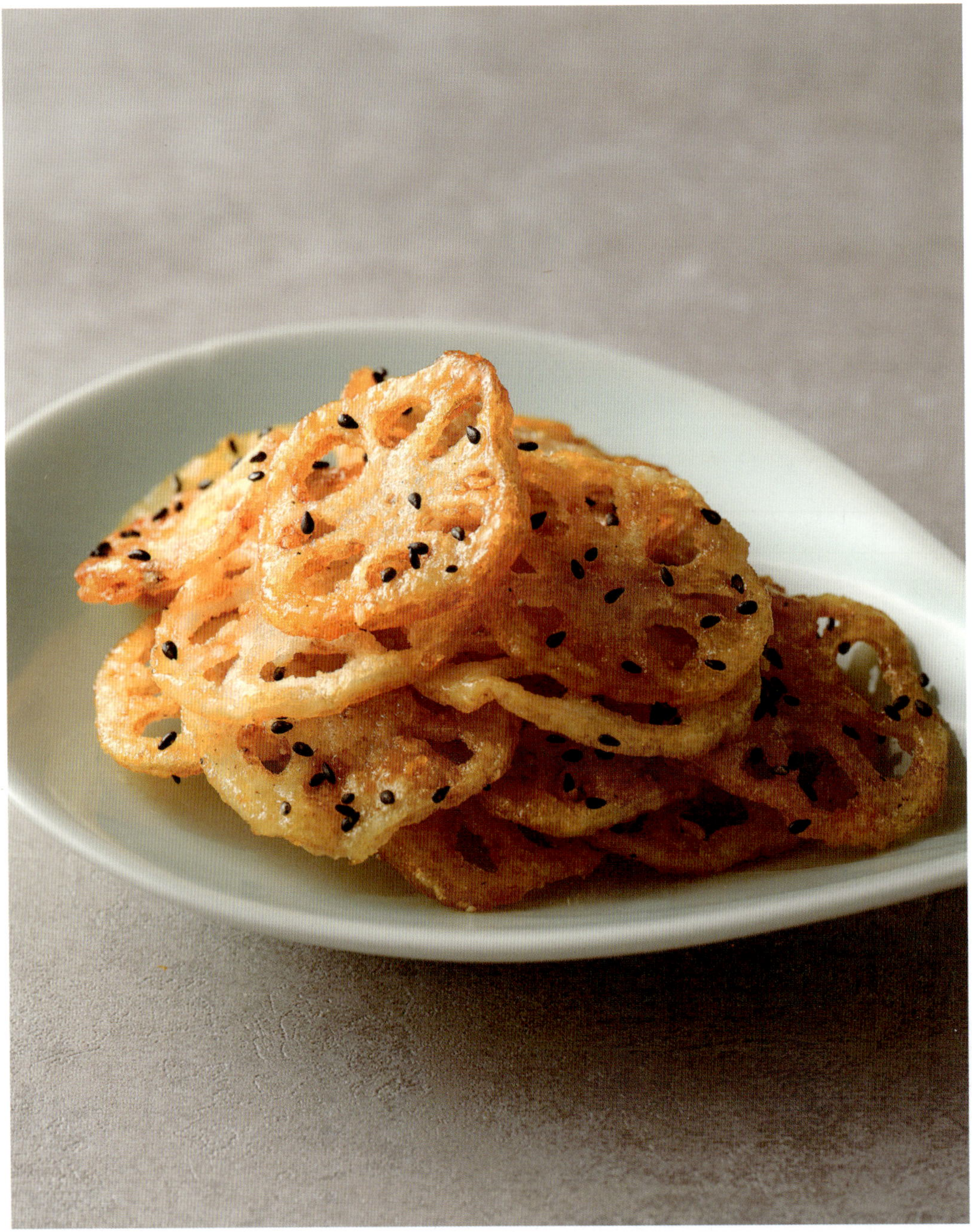

- 완성량_3~4인분
- 조리 시간_30분

- 연근 1토막
  (중간 굵기 약 20cm, 500g)
- 감자전분 약간
- 식용유 2~3컵(튀김용)
- 검정깨 약간

조림 양념
- 조림간장 2큰술(30g)
  ＊ 만들기 52쪽
- 올리고당 2큰술
- 고추기름 1큰술
- 생강즙 1작은술
- 후춧가루 약간

1 연근은 0.3cm 두께로 얇게 썰어 끓는 물에 5분간 데친다.

2 연근에 감자전분을 얇게 묻힌다. 깊은 팬에 식용유를 붓고 센 불로
175℃까지 달군 후 연근을 넣어 겉면이 바삭해질 때까지 튀긴다.

3 팬에 조림 양념 재료를 모두 넣어 섞고 중약 불에서 끓으면
②의 튀긴 연근을 넣고 양념이 고루 묻도록 뒤적여가며 조린다.

4 검정깨를 뿌린다.

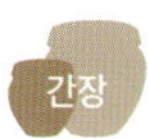

오징어 꽈리고추 장조림

양념과 소스 준비하기
단맛 간장
만들기 54쪽

단맛 간장의 은은한 감칠맛이 오징어와 꽈리고추에 스며들어 입맛을 돋우는 반찬입니다.
짭조름하면서도 달큼해 더운 여름철에 입맛을 돋우기에 딱이지요.

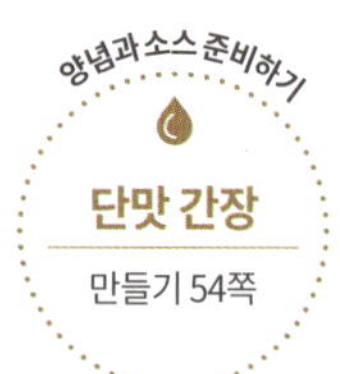

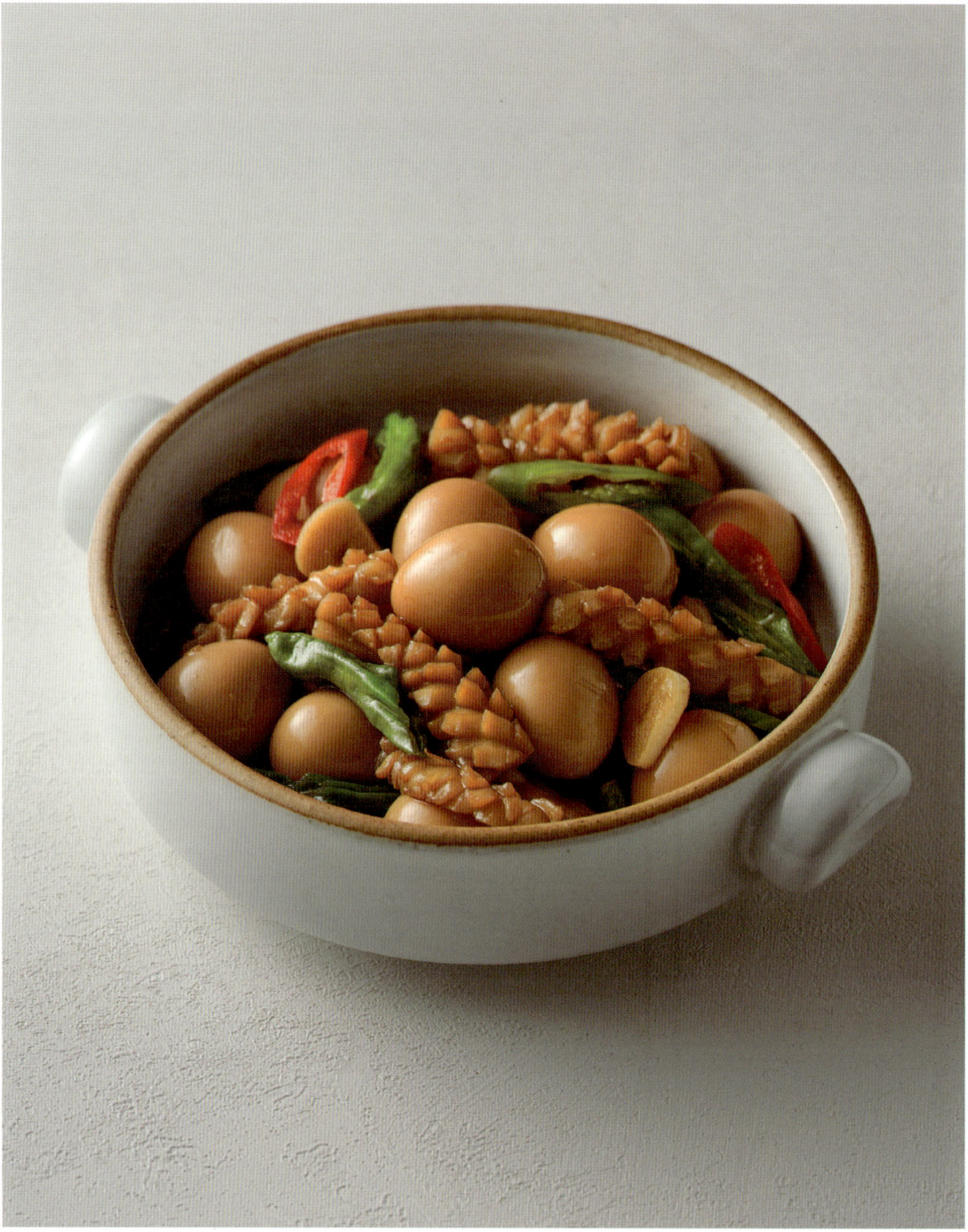

- 완성량_3~4인분
- 조리 시간_40분

- 오징어 2마리(540g)
- 삶은 메추리알(껍질 벗긴 것) 300g
- 청고추 1개(10g)
- 홍고추 1개(10g)
- 꽈리고추 10개(100g)
- 마늘편 3쪽 분량(15g)
- 올리고당 3큰술
- 소금 약간

조림 양념
- 단맛 간장 1/2컵
  * 만들기 54쪽
- 물 2컵
- 청주 1큰술
- 생강즙 1큰술
- 매실청 1큰술

1 오징어는 손질해서 껍질을 벗기고 세로로 2등분한다. 몸통 안쪽에 칼을 눕혀 우물 정(井)자로 칼집을 촘촘하게 낸 후 한입 크기로 자른다.

2 냄비에 넉넉한 양의 물, 소금(약간)을 넣고 끓여 오징어를 넣고 색이 하얗게 변하고 익을 때까지 2~3분간 데친다. 체에 밭쳐 물기를 뺀다.

3 꽈리고추는 반으로 어슷하게 썬다. 청고추, 홍고추는 얇게 어슷 썬 후 씨를 털어낸다.

4 냄비에 조림 양념 재료, 메추리알, 꽈리고추, 마늘편을 넣고 중간 불에서 끓인다.

5 메추리알에 양념 색이 배어들면 ②의 오징어를 넣고 양념 색이 배어들 때까지 약 5분간 더 조린다.

6 청고추, 홍고추, 올리고당을 넣고 잘 어우러지게 섞는다.
   … 맛을 보고 간이 부족하면 소금으로 간을 맞춘다.

소고기 우엉잡채

은은한 흙내음과 단맛이 함께 어우러지는 우엉.
뿌리채소 특유의 구수한 맛이 약재의 깊은 향과 아주 잘 어울립니다.

양념과 소스 준비하기

볶음 약간장
만들기 56쪽

- 완성량_3~4인분
- 조리 시간_1시간 10분

- 우엉 2/3개(200g)
- 당면 1줌(100g)
- 소고기 채 썬 것 200g(우둔살)
- 피망 2개(200g)
- 양파 1개(200g)
- 표고버섯 5장(125g)
- 홍고추 3개(30g)
- 당근 1/4개(50g)
- 볶음 약간장 1과 1/4컵
  ＊ 만들기 56쪽
- 물 1/2컵
- 식용유 약간
- 소금 약간
- 후춧가루 약간
- 참기름 약간
- 통깨 간 것 약간

1 당면은 넉넉한 양의 찬물에 담가 약 1시간 불린 후 10cm 길이로 자른다.

2 우엉은 껍질을 벗기고 5cm 길이로 얇게 채 썬다.

3 우엉을 넉넉한 양의 찬물에 10분간 담갔다가 체에 밭쳐 물기를 제거한다.

4 피망, 양파, 표고버섯, 홍고추, 당근은 5cm 정도 길이로 채 썬다.

5 달군 팬에 식용유를 두른 후 ③의 우엉을 넣고 중간 불에서 볶는다.
  우엉의 수분이 살짝 날아가면 복음 약간장(1/3컵)을 넣고 양념이 거의
  졸아들 때까지 볶아 덜어둔다.

6 달군 팬에 식용유를 두른다. 양파, 피망, 당근, 홍고추 순으로 소금,
  후춧가루로 간해가며 중간 불에서 각각 2~3분간 볶아 덜어둔다.

7 볼에 표고버섯, 소고기 채 썬 것, 볶음 약간장(1/3컵)을 넣고 양념한 후
  달군 팬에 넣고 중간 불에서 볶아 덜어둔다.

8 달군 팬에 ①의 당면을 볶음 약간장(1/3컵), 물(1/2컵)과 함께 넣고
  중간 불에서 간이 배도록 볶는다.

9 볼에 따로 볶아둔 모든 재료와 남은 볶음 약간장(1/4컵), 참기름,
  통깨 간 것을 넣고 잘 버무린다.

달걀 듬뿍 메밀김밥

양념과소스 준비하기

쯔유

만들기 57쪽

쯔유의 맛이 스민 메밀면을 담백한 지단채, 채소와 함께 김에 돌돌 말아낸 색다른 김밥입니다. 단순한 조합으로 쉽게, 산뜻하게 즐겨보세요.

✓ 완성량_1~2인분
✓ 조리 시간_30분

- 김밥용 김 2장
- 메밀면 200g
- 오이 1개(200g)
- 무순 1줌(20g)
- 달걀 3개
- 쯔유 3큰술
  ＊ 만들기 57쪽
- 참기름 3큰술(30g, 또는 들기름)
- 맛술 1큰술
- 소금 약간
- 식용유 약간

1 냄비에 넉넉한 양의 물을 붓고 센 불에서 물이 끓으면 메밀국수를 넣고
   삶는다. 면을 넣고 물이 끓어오르면 찬물 1컵을 붓고, 다시 끓어 오르면
   찬물 1컵을 또 다시 부어 삶은 다음, 면을 건져 찬물에 여러 번 헹구고
   체에 밭쳐 물기를 뺀다.

2 볼에 ①의 메밀면, 쯔유와 참기름을 넣고 버무린다.

3 오이는 채 썬다.

4 다른 볼에 달걀을 넣고 잘 풀어 맛술, 소금을 넣고 간한다.

5 달군 팬에 식용유를 약간 두르고 약한 불에서 지단을 얇게 부쳐 채 썬다.

6 김밥용 김에 ②의 메밀면을 깔고 지단, 오이, 무순을 넣고 김밥처럼
   돌돌 만다.

7 1.5~2cm 두께로 썬다.

⋯ 생고추냉이를 같이 곁들여 알싸한 맛을 더해도 좋다.

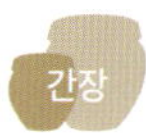

들기름 비빔 간장국수

양념과 소스 준비하기
비빔용 간장
만들기 58쪽

비빔용 간장에 메밀면과 들기름을 더해 완성한 별미 국수입니다.
구수한 메밀 향과 고소한 들기름, 짭조름한 간장이 조화로운 맛을 냅니다.

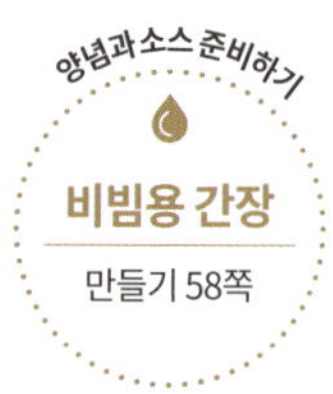

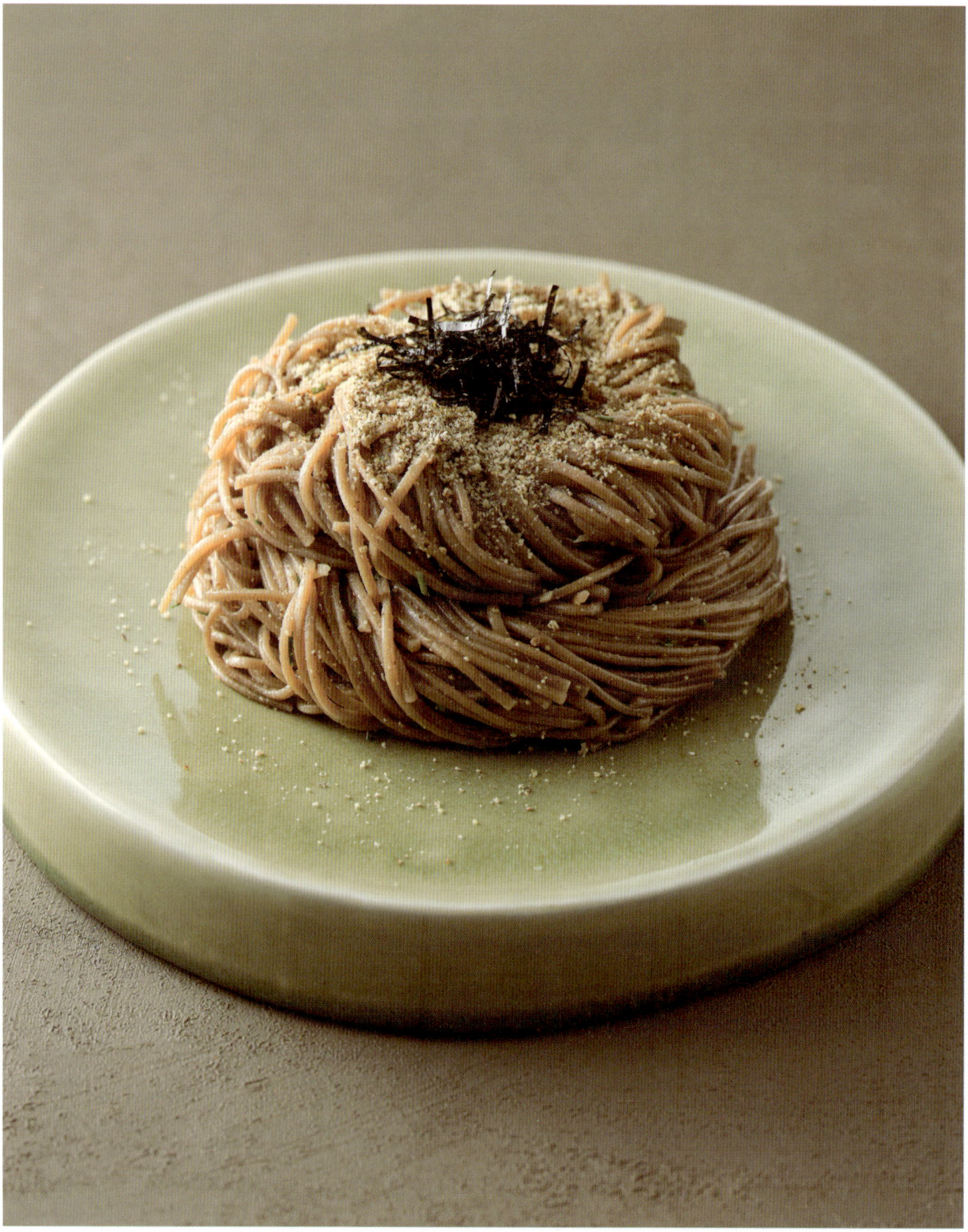

● 완성량_1~2인분

● 조리 시간_30분

- 메밀면 200g
- 비빔용 간장 2큰술
  ＊만들기 58쪽
- 들기름 2큰술
- 김가루 2큰술
- 들깨가루 1큰술

1 냄비에 넉넉한 양의 물을 붓고 센 불에서 물이 끓으면 메밀국수를 넣고
삶는다. 면을 넣고 물이 끓어오르면 찬물 1컵을 붓고, 다시 끓어 오르면
찬물 1컵을 또 다시 부어 삶은 다음, 면을 건져 찬물에 여러 번 헹구고
체에 밭쳐 물기를 뺀다.

2 볼에 ①의 메밀면, 비빔용 간장, 들기름을 넣고 버무린다. 먹기 전 김가루,
들깨가루를 뿌린다.

소고기 무솥밥

볶음 약간장으로 재료를 볶아 깊은 맛을 내고, 비빔용 간장으로 간을 더해 만드는 보양식입니다. 무가 달아지는 가을에 꼭 만들어보세요.

양념과소스 준비하기
볶음 약간장
만들기 56쪽

양념과소스 준비하기
비빔용 간장
만들기 58쪽

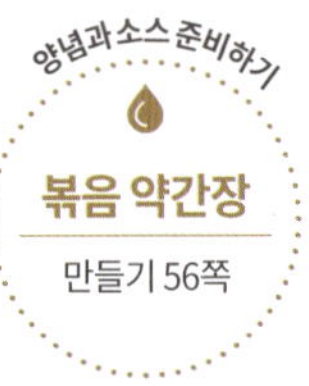

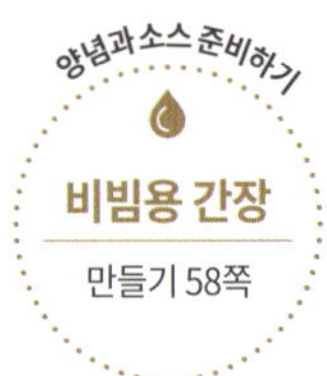

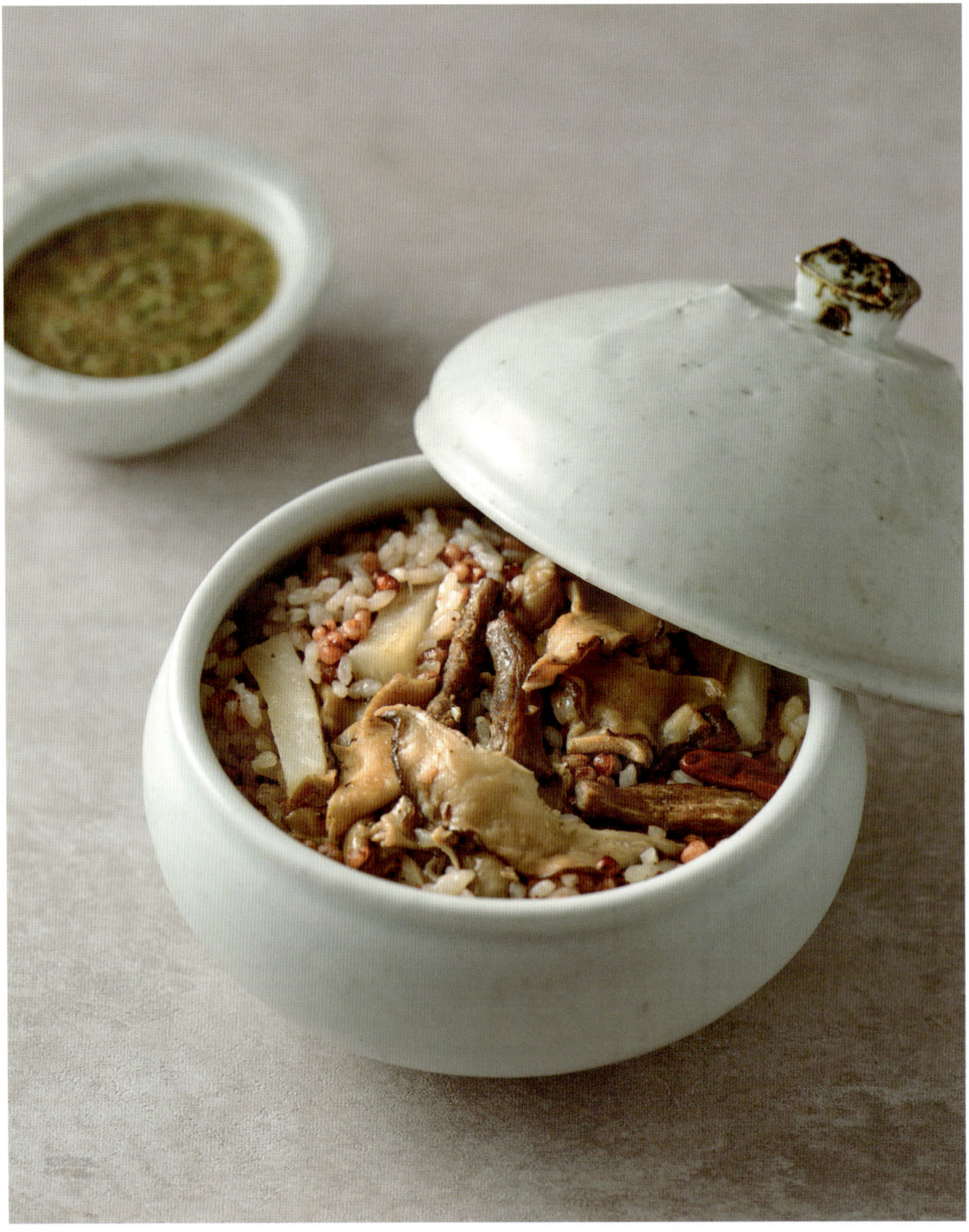

● 완성량_4~6인분

● 조리 시간_1시간(+ 쌀 물기 빼기 30분, 찰수수 불리기 2시간)

- 쌀 4컵(약 600g)
- 찰수수 2컵(약 300g, 또는 쌀)
- 무 3~4cm 1토막(300g)
- 소금 1작은술
- 들기름 2큰술
- 소고기 채 썬 것 300g(우둔살)
- 표고버섯 3~5개
- 볶음 약간장 3큰술
  ＊ 만들기 56쪽
- 비빔용 간장 1/2컵
  ＊ 만들기 58쪽

밥물
- 물 3과 3/4컵(750㎖)
- 청주 1큰술
- 들기름 1.5큰술

1 쌀은 깨끗이 씻은 후 체에 밭쳐 30분간 물기를 뺀다.

2 찰수수는 2시간 이상 불려 냄비에 물(3컵)과 함께 넣고 중간 불에 25~30분간 삶은 후 체에 밭쳐 물기를 제거한다. ①의 쌀과 삶은 찰수수를 섞어둔다.

3 무는 0.5cm 두께로 굵게 채 썬다. 볼에 넣고 소금에 버무려 절인 후, 체에 밭쳐 물기를 뺀다. 표고버섯은 기둥을 떼고 얇게 채 썬다.

4 볼에 소고기 채 썬 것, 볶음 약간장을 넣고 버무려 양념한다.

5 달군 팬에 ④의 쇠고기를 넣고 중간 불에서 볶다가 ③의 표고버섯을 넣고 물기가 없어질 때까지 볶는다.

6 솥에 들기름(2큰술)을 두르고 ③의 절인 무를 볶는다.

7 무 위에 ②의 섞어둔 쌀, 찰수수를 올리고 ⑤의 볶은 소고기, 표고버섯을 골고루 올린다.

   … 밥이 고르게 익도록 열 보존력이 좋은 바닥이 두꺼운 솥이나 냄비를 사용한다.

8 밥물 재료를 모두 섞어 ⑦에 붓고 뚜껑을 덮는다. 센 불에 5분, 중간 불에 10분, 약한 불에 20분 끓인 후 불을 끄고 5분간 뜸 들인다.

9 밥을 잘 뒤섞어 비빔용 간장과 함께 낸다.

약간장 누룽지 삼계탕

양념과 소스 준비하기
짠맛 약간장
만들기 59쪽

한방 향의 짠맛 약간장으로 육수에 간을 해 한층 더 진한 맛을 내고,
노릇하게 구운 누룽지를 넣어 구수한 맛과 식감을 살린 보양 메뉴입니다.

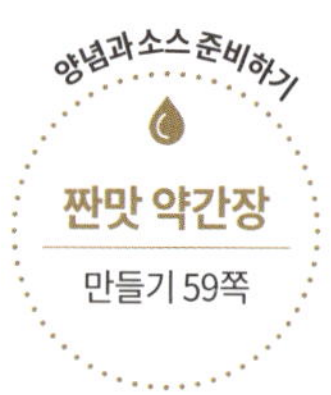

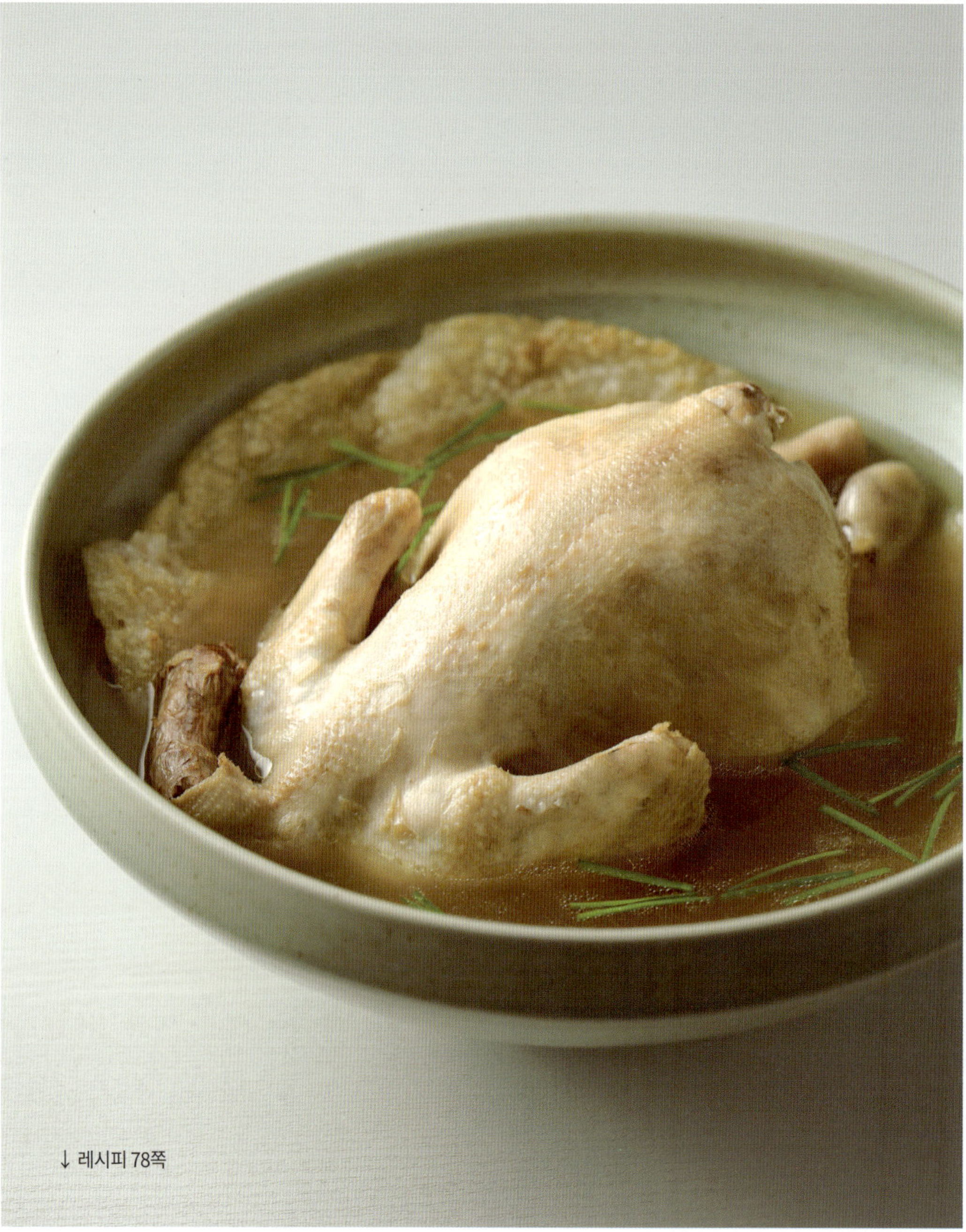

↓ 레시피 78쪽

고추 다짐장의 등심 샐러드

알싸한 고추 다짐장에 와인을 더해 산뜻한 스테이크 소스로 활용한 이색적인 샐러드 입니다.

양념과 소스 준비하기

고추 다짐장

만들기 60쪽

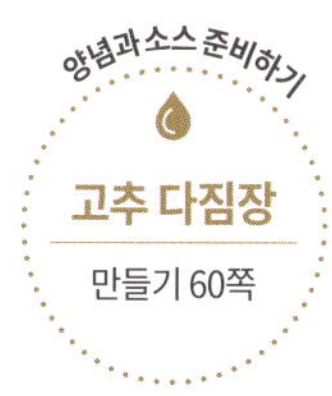

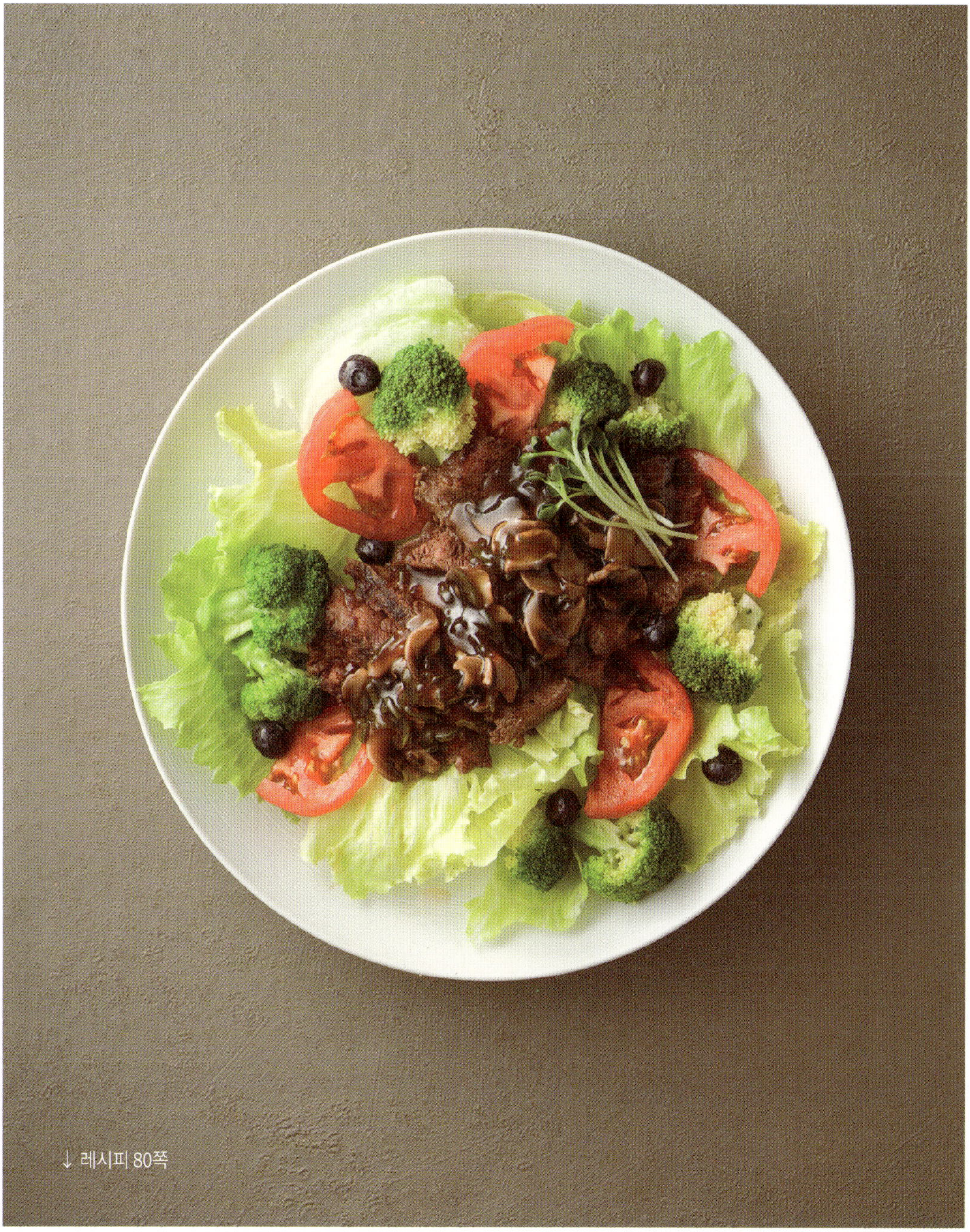

↓ 레시피 80쪽

약간장 누룽지 삼계탕

- 완성량_3~4인분
- 조리 시간_1시간 30분
  (+찹쌀 불리기 40분)

- 닭 1마리(1kg)
- 닭발 100g(생략 가능)
- 물 20컵(4ℓ)
- 황기 1뿌리(또는 인삼)
- 대파 1대(30g)
- 양파 3/4개(150g)
- 생강 3톨(마늘 크기, 15g)
- 당근 2/5개(80g)
- 짠맛 약간장 4~5큰술
  ＊만들기 59쪽
- 마늘 10쪽(50g)
- 국물용 찹쌀 2큰술
- 영양부추 약간(또는 실파)

누룽지
- 찹쌀 1컵(170g)
- 물 약 4/5컵(170㎖)
- 소금 약간
- 식용유 1/3작은술
- 참기름 1작은술

1 찹쌀을 40분간 넉넉한 양의 물에 담가 불린다.
  … 누룽지 재료의 찹쌀과 국물용 찹쌀을 합께 불려 2큰술을 국물용으로 덜어둔다.

2 밥솥에 누룽지 재료의 찹쌀, 물(4/5컵), 소금, 식용유를 넣고 밥을 짓는다.

3 닭은 깨끗하게 손질한다.

4 대파는 길게 반으로 가른 후 6cm 길이로 썬다. 양파는 4등분하고,
  생강은 길게 2등분한다. 당근은 껍질을 벗기지 않고 0.3cm 두께로 썬다.

5 냄비에 물을 넉넉히 붓고 센 불에서 끓어오르면 닭을 넣어 한 바퀴 굴려
  겉만 데친다. 찬물에 헹군 다음 체에 건진다.

6   냄비에 물(20컵), ④의 채소, 황기, 짠맛 약간장을 넣고 센 불에서 끓인다.

7   끓기 시작하면 닭과 닭발을 넣고 15분 더 끓인 후 대파, 양파, 생강,
     당근을 건져낸다.

8   마늘, ①의 국물용 찹쌀을 넣고 중간 불에서 1시간 동안 끓인다.

9   두꺼운 팬에 참기름을 두르고 ②의 찹쌀밥을 펼쳐 중약 불에서 앞뒤로
     노릇해지도록 굽는다.

10 그릇에 누룽지, 닭을 담은 후 국물을 붓고 영양부추를 올린다.

   … 고기를 찍어 먹을 수 있는 소금, 후추를 입맛에 맞게 곁들인다.

고추 다짐장의
등심 샐러드

- ✓ 완성량_2인분
- ✓ 조리 시간_40분
  (+소고기 재우기 1일)

- 채끝 등심 500g
- 양파 간 것 3/4개 분량(150g)
- 소금 약간
- 후춧가루 약간
- 올리브오일 약간

샐러드 채소
- 토마토 1/2개(75g)
- 양상추 1/2통(200g)
- 브로콜리 2/3송이(200g)
- 무순 1줌(20g)
- 블루베리 1컵(80g)

샐러드드레싱
- 고추 다짐장 100g
  ＊만들기 60쪽
- 황설탕 2/3컵
  (50g, 또는 일반 설탕)
- 드라이 레드와인 1/4컵
- 양송이 8개(160g)
- 물 1/2컵
- 감자전분 1큰술
- 참기름 1작은술

1. 채끝 등심은 소금으로 밑간한 후 양파 간 것에 버무려 하루 동안 재운다.

2. 토마토는 바닥 쪽에 열십자로 칼집을 넣어 끓는 물에 30초간 데친다.
   찬물에 담가 껍질을 벗긴 후 0.5cm 두께로 썬다.

3. 브로콜리는 한입 크기로 썰어 소금(약간)을 넣은 끓는 물에 1~2분간
   데치고, 양상추는 손으로 뜯어 한입 크기로 잘라둔다.

4 양송이를 얇게 썬 후 팬에 참기름을 제외한 모든 샐러드드레싱 재료를
넣고 중간 불에서 끓인다.

5 10분간 바글바글 끓여 와인의 알코올이 날아가고 농도가 생기면
참기름을 넣은 후 불을 끈다.

6 재운 채끝 등심의 양파 간 것을 대충 훑어낸다. 달군 팬에 올리브오일을
두른 후 센 불에 앞뒤로 노릇하게 굽는다. 후춧가루를 뿌리고 5분간
그대로 두어 휴지한다.

7 채끝 등심은 부드럽게 먹기 위해 결 반대 방향으로 얇게 썬다.
접시에 준비한 샐러드 채소, 채끝 등심을 얹고 드레싱을 뿌린다.

고추장

간장·맛술·올리고당 등과 조합해 고추장의 칼칼한 맛 속에 달콤함과 감칠맛을 살렸습니다.

만능 양념고추장 →

이렇게 활용하세요

마요네즈와 올리고당이 들어가 달콤하면서 부드러운 맛을 내며,
마른 재료로 반찬을 만들 때 매콤한 맛과 윤기를 더해준다.

이 책에서는 이렇게 사용했어요

진미채 고추장볶음(88쪽)

← 찌개 양념장

이렇게 활용하세요

얼큰하고 시원한 해산물 찌개에 잘 어울린다.
오징어 찌개나 동태탕, 꽃게탕 등에 활용할 수 있다.

이 책에서는 이렇게 사용했어요

오징어 고추장찌개(90쪽)

초고추장 →

이렇게 활용하세요

과일과 청, 식초 등으로 새콤달콤한 맛을 살린
초고추장은 무침, 냉채 등에 쓰기 좋다.
참나물, 미나리 등 쌉쌀한 맛의 잎채소를
무쳐도 잘 어울린다.

이 책에서는 이렇게 사용했어요

편육 채소무침(92쪽)

만능
양념고추장

- 완성량_600㎖
- 조리 시간_15분
- 보관 기간_냉장 2개월

- 고추장 4큰술(60g)
- 고추기름 4큰술
- 올리고당 8큰술
- 고운 고춧가루 2큰술
- 맛간장 4큰술
  * 만들기 52쪽
- 맛술 4큰술
- 생강술 4큰술
- 다진 마늘 2큰술
- 마요네즈 8큰술(80g)

1 냄비에 모든 재료를 넣고 잘 섞은 후 중약 불에서 끓어오르면 불을 끈다.
… 생강술이 없으면 생강즙과 청주를 1：2 비율로 섞어 사용한다.

찌개 양념장

- 완성량_500㎖
- 조리 시간_20분
- 보관 기간_냉장 2개월

- 고추장 5큰술(75g)
- 된장 1.5큰술(22g)
- 고춧가루 5큰술
- 다진 마늘 3큰술
- 생강즙 2큰술
- 액젓 5큰술(멸치 또는 까나리액젓)
- 맛술 1/2컵
- 청주 1/3컵

1 냄비에 맛술, 청주를 넣고 센 불로 5분간 끓여 알코올을 날린다.

2 나머지 재료를 모두 넣고 섞은 후 중간 불에서 2~3분간 끓인다.

초고추장

- 완성량_200㎖
- 조리 시간_10분
- 보관 기간_냉장 1개월

- 냉동 딸기 3개(60g, 또는 사과)
- 고추장 4큰술(60g)
- 조청 1큰술
- 매실청 1큰술
- 레몬즙 1큰술
- 식초 2큰술
- 간장 1큰술
- 설탕 1큰술
- 소금 1/2작은술

1 냉동 딸기는 블렌더로 곱게 간다.

2 ①에 모든 재료를 넣고 잘 섞는다.

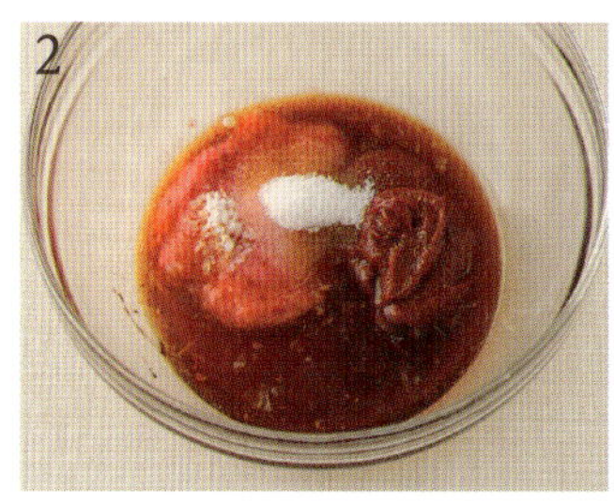

약고추장

이렇게 활용하세요

약고추장은 양념을 더해 맛을 진하게 낸 고추장 볶음으로,
전통적으로 밥에 곁들이거나 비빔밥 양념으로 가장 널리
사용되어왔다. 쌈장처럼 쌈에 곁들이거나 주먹밥·볶음 요리에
활용하면 손쉽게 깊은 맛을 더할 수 있다.

이 책에서는 이렇게 사용했어요

오방색 비빔밥(94쪽)

❷ 완성량_350㎖

❷ 조리 시간_30분

❷ 보관 기간_냉장 3개월

- 고추장 약 2/3컵(150g)
- 물 1/4컵
- 소고기 간 것 100g
- 꿀 1큰술
- 잣 2큰술
- 식용유 약간

고기 밑간

- 간장 2작은술
- 설탕 1작은술
- 다진 파 2작은술
- 다진 마늘 1작은술
- 다진 생강 1작은술
- 후춧가루 1/8작은술

1 볼에 소고기 간 것, 고기 밑간 재료를 넣고 버무려 밑간한다.

2 냄비에 식용유를 두른 후 ①의 밑간한 소고기를 넣고 중간 불에서
볶는다.

3 소고기가 다 익으면 고추장, 물을 넣어 섞고 중약 불에서 끓인다.
끓기 시작하면 꿀을 넣고 잘 섞은 후 잣을 넣고 조금 더 끓인다.

4 숟가락으로 떠서 떨어뜨렸을 때 너무 묽지 않고 부드럽게 흘러내리는
정도까지 끓으면 불을 끈다.

조림 양념고추장

- 완성량_250㎖
- 조리 시간_5분
- 보관 기간_냉장 1개월

- 고추장 3큰술(45g)
- 조림간장 3큰술
  * 만들기 52쪽
- 고춧가루 2큰술
- 맛술 1큰술
- 생강술 1큰술
- 다진 마늘 1큰술
- 다진 파 2큰술
- 참기름 2큰술
- 후춧가루 1/4작은술

이렇게 활용하세요

생강술로 비린맛을 잡고 깊은 감칠맛을 더해 생선조림에 특히 잘
어울린다. 닭조림이나 두부조림, 감자조림 등 다양한 조림 요리에
활용하면 매콤함을 더하면서도 풍미를 살릴 수 있다.

이 책에서는 이렇게 사용했어요

생선 무조림(95쪽)

1   모든 재료를 잘 섞는다.

… 생강술이 없으면 생강즙과
청주를 1 : 2 비율로 섞어
사용한다.

진미채 고추장볶음

쫄깃한 진미채를 만능 양념고추장으로 달콤짭짤하게 볶아 윤기를 살린 밑반찬입니다.
도시락 반찬이나 술안주로 좋고, 아이들도 먹기 좋습니다.

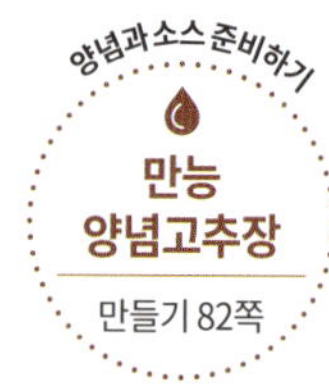

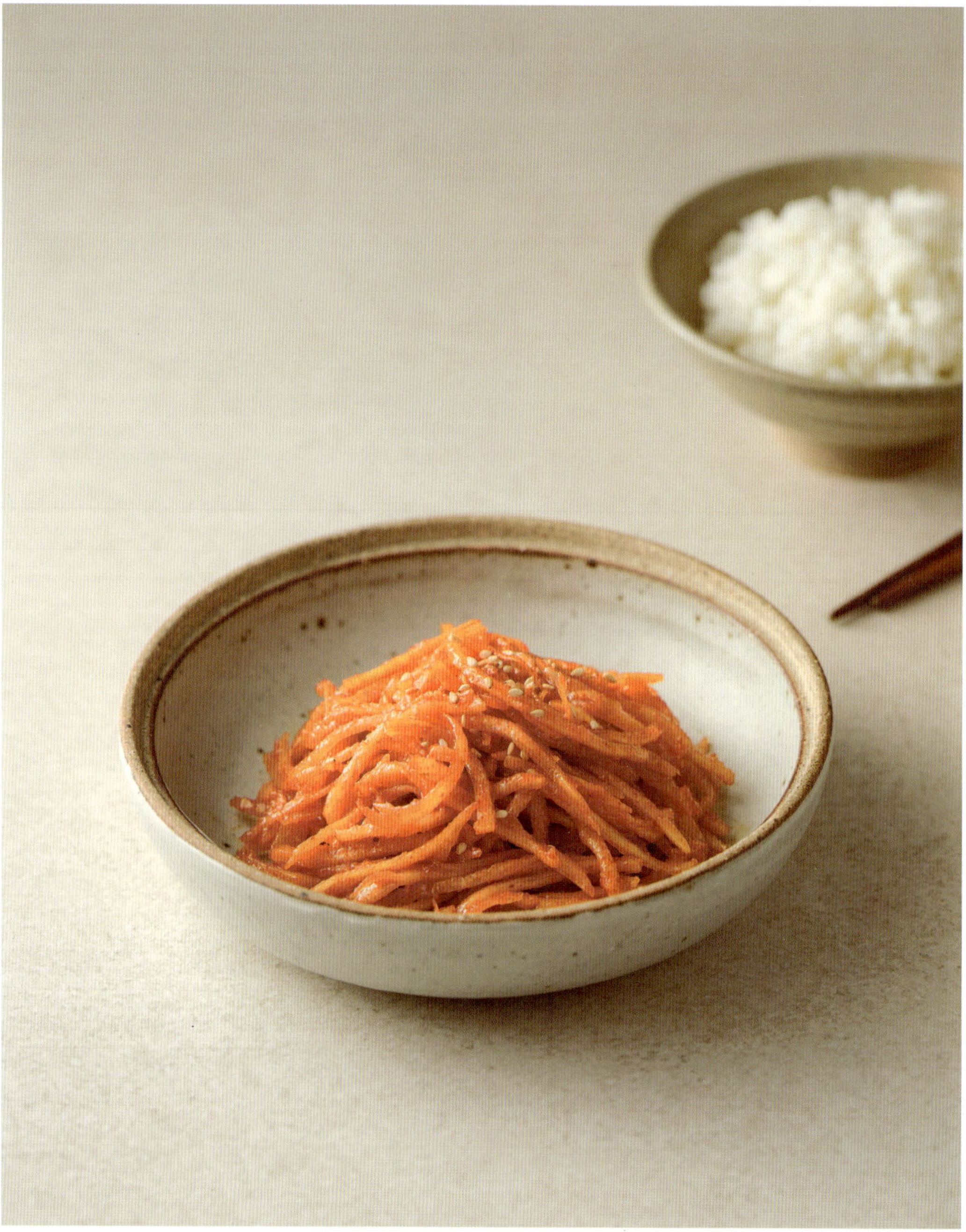

- ✔ 완성량_4~5인분
- ✔ 조리 시간_15분

- 진미 오징어채 8컵(250g)
- 만능 양념고추장 약 1컵(200g)
  ＊ 만들기 82쪽
- 통깨 약간(또는 검은깨)

 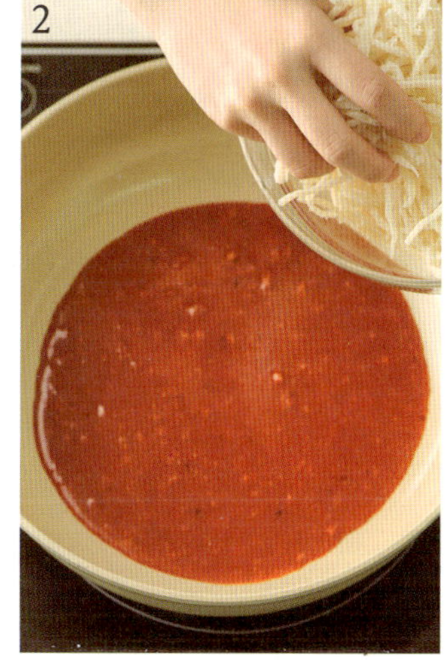

1 오징어채는 물에 살짝 씻어 면포에 싸서 물기를 제거한 후 4~5cm 길이로 자른다.

2 팬에 만능 양념고추장을 넣고 중간 불에서 끓기 시작하면 손질한 오징어채를 넣고 볶는다. 재료가 모두 잘 섞이면 통깨를 뿌린다.

오징어 고추장찌개

양념과 소스 준비하기
찌개 양념장
만들기 82쪽

찌개 양념장의 매콤함과 오징어의 감칠맛이 어우러진 얼큰하고 시원한 해물찌개입니다.
무와 애호박, 버섯을 넣어 국물 맛이 깊고 담백하니 쌀쌀해지는 가을철 메뉴로 추천합니다.

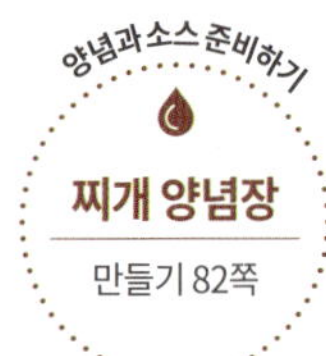

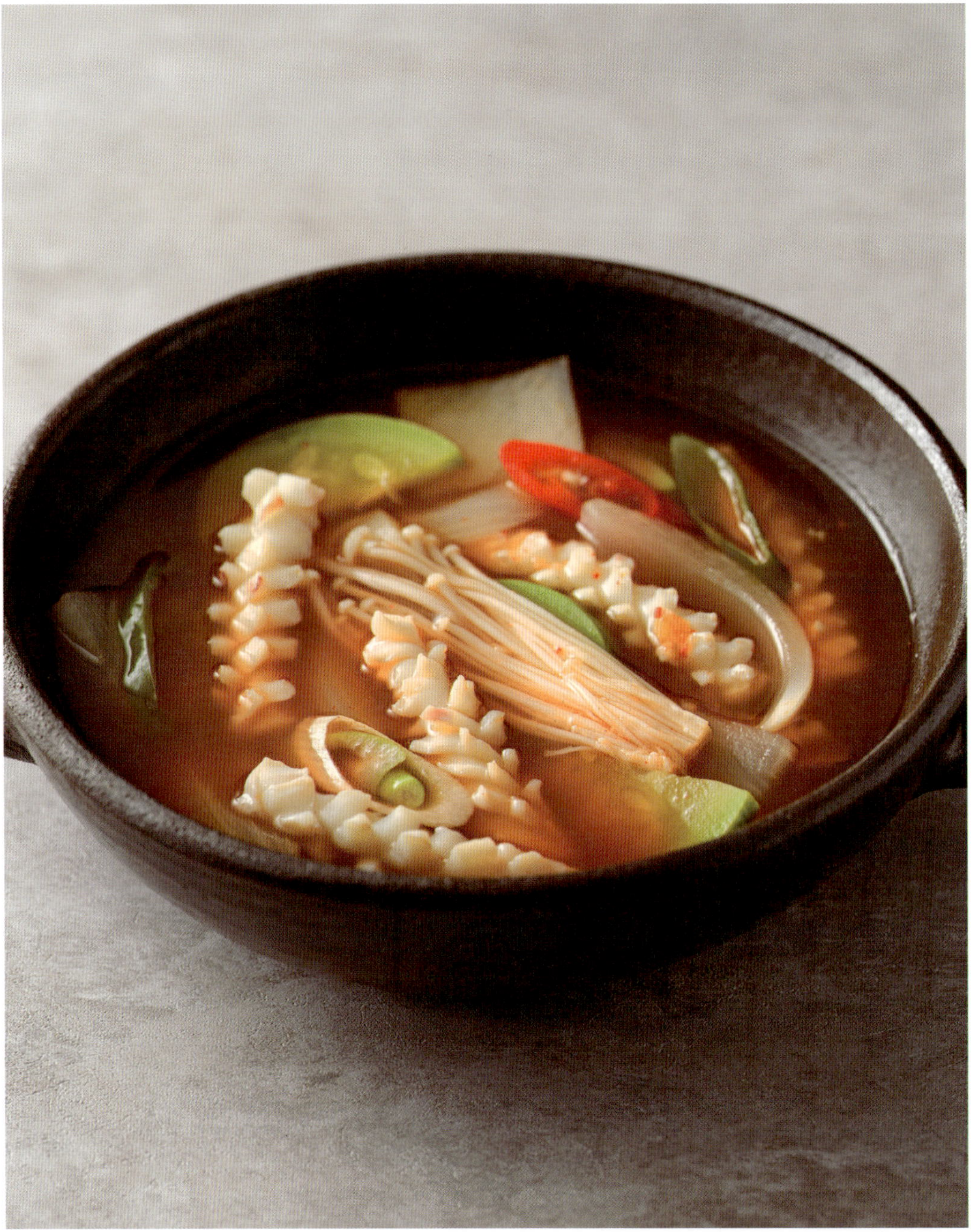

◔ 완성량 _ 3~4인분

◔ 조리 시간 _ 30분

- 오징어 3마리(810g)
- 무 1~2cm 1토막(100g)
- 애호박 1/2개(135g)
- 양파 1/2개(100g)
- 청고추 1개(10g)
- 홍고추 1개(10g)
- 대파 1대(30g)
- 팽이버섯 1봉(150g)
- 물 6컵(1.2ℓ)
- 찌개 양념장 3~4큰술
  ＊ 만들기 82쪽
- 소금 약간

1 오징어는 손질해서 껍질을 벗기고 세로로 2등분한다. 몸통 안쪽에 칼을 눕혀 우물 정(井)자로 칼집을 촘촘하게 낸 후 한입 크기로 자른다.

2 무는 0.5cm 두께로 나박 썰고, 애호박은 0.5cm 두께의 반달 모양으로 썬다.

3 양파는 굵게 채 썬다. 대파, 청고추, 홍고추는 어슷 썰고 팽이버섯은 밑동을 잘라낸다.

4 냄비에 물(6컵)을 붓고 센 불에서 끓으면 찌개 양념장을 넣고 잘 섞는다.

5 무, 양파를 넣고 중간 불에서 5분간 끓인 후 오징어, 애호박, 대파, 청고추, 홍고추를 넣는다. 3분간 더 끓인 후 떠오른 거품을 걷어낸다.

6 소금으로 간을 맞추고 3분간 더 끓인 후 팽이버섯을 넣고 바로 불을 끈다.

편육 채소무침

부드럽게 삶은 소고기 편육에 아삭한 채소와 초고추장을 곁들여
상큼하고 깔끔한 맛을 낸 냉채형 무침 요리입니다.

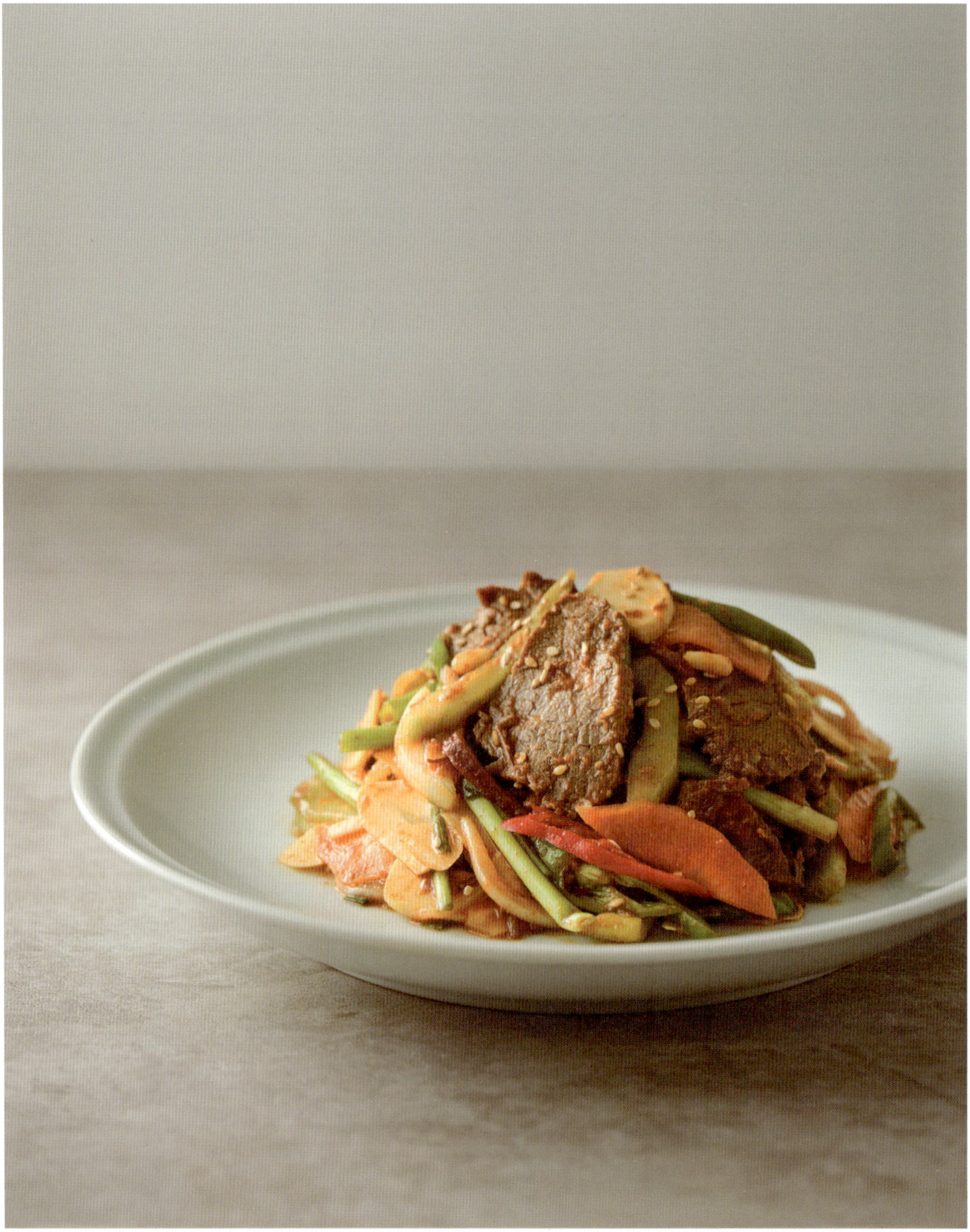

- 완성량_3~4인분
- 조리 시간_30분(+ 고기 삶기 40분)

- 소고기 420g
  (우둔살, 홍두깨살)
- 오이 1/2개(100g)
- 당근 1/4개(50g)
- 양파 1/2개(100g)
- 미나리 1/2줌(35g, 또는 실파)
- 실파 2줌(15g, 또는 미나리)
- 풋고추 2개(20g)
- 홍고추 1개(10g)
- 깐 밤 3개(30g)
- 대추 5개(15g)
- 초고추장 1/2컵
  ※ 만들기 82쪽
- 구운 잣 1/2큰술(10g)
- 통깨 1큰술
- 참기름 1큰술

1 압력솥에 소고기 사태를 넣고 넉넉한 양의 물을 붓는다. 센 불에서 끓이다가 추가 울리면 5분간 더 끓인 후 불을 끈다. 김이 다 빠지면 솥에서 꺼내고 완전히 식혀 얇게 썬다.

2 오이, 당근은 반으로 갈라 얇게 어슷 썰고, 양파는 채 썬다.

3 미나리, 실파는 5cm 길이로 썰고, 풋고추, 홍고추는 어슷 썬다.

4 밤은 얇게 편 썰고, 대추는 채 썬다.

5 볼에 편육, 손질한 재료, 초고추장을 넣어 버무린 후 구운 잣, 통깨, 참기름을 넣고 섞는다.

오방색 비빔밥

자연과 인간의 조화를 뜻하는 오방색의 다양한 고명을 밥 위에 올리고 약고추장으로 비벼 먹는
대표적인 한식 요리입니다. 고추장의 깊은 맛과 재료의 조화로운 풍미로 영양과 맛을 함께 즐길 수 있습니다.

양념과 소스 준비하기

약고추장
만들기 84쪽

↓ 레시피 96쪽

생선 무조림

양념과 소스 준비하기
조림 양념고추장
만들기 86쪽

조림 양념고추장의 매콤하고 깊은 맛이 생선의 비린맛을 잡아주고,
무나 양파 같은 채소와 어우러져 밥반찬으로 좋은 메뉴입니다.

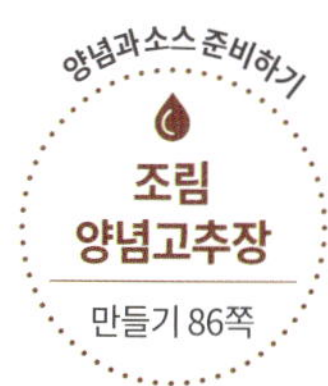

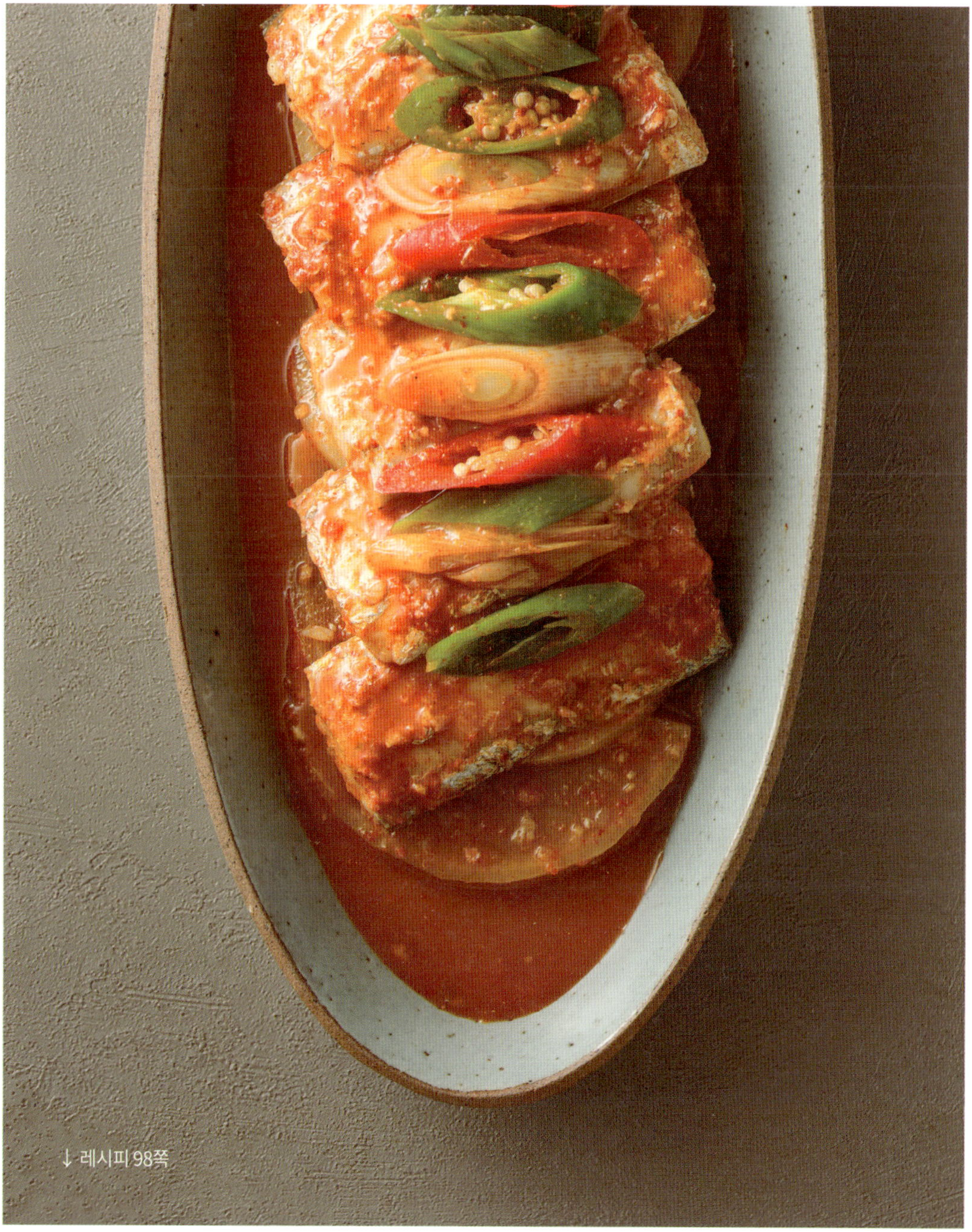

↓ 레시피 98쪽

오방색 비빔밥

- ✅ 완성량_3~4인분
- ✅ 조리 시간_1시간

- 쌀 2컵
- 소고기 간 것 100g
- 표고버섯 3~4장(45g)
- 데친 고사리 70g(또는 고비)
- 도라지 50g
- 콩나물 2줌(100g)
- 오이 1/2개(100g)
- 당근 1/3개(67g)
- 달걀 2개
- 다시마튀각 15g(생략 가능)
- 식용유 3큰술
- 소금 1큰술 + 약간
- 후춧가루 약간
- 볶음 약간장 5큰술
  ＊ 만들기 56쪽
- 약고추장 4~6큰술
  ＊ 만들기 84쪽

도라지 양념
- 통깨 간 것 1작은술
- 참기름 2작은술
- 후춧가루 1/8작은술

콩나물 양념
- 통깨 간 것 1작은술
- 참기름 2작은술
- 후춧가루 1/8작은술

1 쌀을 불려 밥을 고슬고슬하게 지은 후 한 김 식힌다.

2 표고버섯은 채 썰고 볶음 약간장(2큰술)으로 양념해 달군 팬에 넣고
중간 불에서 5분간 볶는다.

3 소고기 간 것은 볶음 약간장(2큰술)으로 양념해 달군 팬에 넣고
중간 불에서 5분간 볶는다.

4 데친 고사리는 2cm 길이로 썰고 볶음 약간장(1큰술), 물(1큰술)으로
양념해 달군 팬에 넣고 중간 불에서 5분간 볶는다.

5 도라지는 소금(1큰술)을 넣고 주무른 후, 찬물에 10분간 담가 쓴맛을
뺀다. 2cm 길이로 가늘게 채 썰어 도라지 양념 재료를 넣고 양념해 달군
팬에 넣고 중간 불에서 5분간 볶는다.

6 콩나물은 머리, 꼬리를 뗀다. 냄비에 넉넉한 양의 물, 소금(약간)을 넣고 끓여 3분간 데친 후 체에 밭쳐 물기를 뺀다. 2cm 길이로 썰어 달군 팬에 식용유(1큰술)를 두르고 중간 불에서 3분간 볶는다.

7 오이는 돌려 깎기 하여 4~5cm 길이로 채 썬 후 소금(약간)을 뿌려 10분간 절인다. 오이는 물기를 제거한 후 달군 팬에 식용유(1큰술)를 두르고 후춧가루(약간)를 뿌려 볶는다.

8 당근은 4~5cm 길이로 채 썬 후 팬에 식용유(1큰술)를 두르고 소금(약간), 후춧가루(약간)로 간하여 볶는다.

9 달걀은 흰자, 노른자를 나눠 지단을 부치고 4~5cm 길이로 채 썬다.

10 다시마튀각은 잘게 부순다.

11 큰 볼에 밥, 고사리, 도라지, 콩나물을 넣고 고루 비벼 그릇에 담는다. 위에 나머지 재료들을 모두 고명으로 올린 후 약고추장을 곁들인다.

생선 무조림

◉ 완성량_3~4인분
◉ 조리 시간_50분

• 생선 8조각
  (갈치, 병어 등, 약 600g)
• 무 2~3cm 한 토막(200g)
• 대파 1대(30g)
• 풋고추 1개(10g)
• 홍고추 1개(10g)
• 다시마물 2컵
  ＊ 만들기 53쪽
• 간장 1큰술
• 조림 양념고추장 80g
  ＊ 만들기 86쪽
• 소금 약간

1   생선은 손질하고 7~10cm 크기로 토막낸다.

2   생선에 조림 양념고추장을 발라 10~15분간 재운다.

3   무는 1cm 두께의 반원형으로 썬다.

4   대파, 풋고추, 홍고추는 어슷 썬다.

5   냄비에 넉넉한 양의 물, 소금(약간)을 넣고 끓어오르면 ③의 무를 넣어
     살짝 데친다.

6   다시마물에 간장을 섞어둔다.

7   냄비에 무를 깔고 생선을 얹은 후 ⑥의 물을 붓는다.

8   중간 불에서 5분간 끓인 후 대파, 풋고추, 홍고추를 넣고 양념이
     절반 정도 졸아 걸쭉해질 때까지 끓인다.

된장과 강된장

맛과 향을 내는 재료를 넣고 끓이거나 섞어 된장 특유의 향을
부드럽게 만들고 짠맛을 줄이며, 구수한 풍미와 영양을 높였습니다.

만능 양념된장

이렇게 활용하세요

집밥의 따뜻한 손맛이 느껴지는
기본 양념장. 나물무침이나 자박하게
지지는 나물조림에 활용하면 구수하고
깊은 맛을 더해준다.

이 책에서는 이렇게 사용했어요

무시래기 된장조림(106쪽)

된장 샐러드소스

이렇게 활용하세요

새우, 전복, 오징어 등 해산물샐러드에
드레싱으로 쓰거나, 회무침을 맵지 않게
만들 때 활용하기 좋다.

이 책에서는 이렇게 사용했어요

된장소스 새우 쌀국수샐러드(108쪽)

만능 양념된장

- 완성량_1ℓ
- 조리 시간_15분
  (+ 멸치육수 만들기 8시간)
- 보관 기간_냉장 2개월

- 된장 1.5컵(330g)
- 다진 파 4큰술
- 다진 마늘 2큰술
- 조림간장 2큰술
  ＊ 만들기 52쪽
- 생강술 1큰술
- 고춧가루 2~3큰술
- 꿀 1큰술
- 참기름 1큰술
- 들깨가루 1/2컵
- 들기름 1큰술
- 후춧가루 약간

멸치육수
- 구운 국물용 멸치 30g
- 찬물 2컵

1 멸치는 머리, 내장, 뼈를 제거하고 찬물에 8시간 담가 멸치육수를 만든다.

2 냄비에 참기름을 두르고 중약 불에서 다진 파, 다진 마늘을 넣고 볶는다.

3 향이 올라오면 ①의 멸치, 멸치육수, 된장, 조림간장, 생강술, 꿀, 고춧가루를 넣고 중간 불에서 5분간 끓인다.

… 생강술이 없으면 생강즙과 청주를 1 : 2 비율로 섞어 사용한다.

4 들깨가루, 들기름, 후춧가루를 넣고 잘 섞은 후 불을 끈다.

된장 샐러드소스

- 완성량_350mℓ
- 조리 시간_5분
- 보관 기간_냉장 1개월

- 된장 4큰술(60g)
- 멸치액젓 2큰술
- 레몬즙 1큰술
- 식초 4큰술
- 물 5큰술
- 꿀 3큰술
- 조청 2큰술
- 통깨 1큰술
- 참기름 1큰술
- 다진 마늘 1작은술
- 다진 생강 1작은술

1 볼에 모든 재료를 넣고 잘 섞는다.

… 꿀은 진한 단맛을, 조청은 부드러운 단맛과 구수한 풍미를 더해주기 때문에 함께 사용한다.

저염 된장스프레드

이렇게 활용하세요

저염 효과를 높이기 위해 나트륨 배출에 효과적인 호박을 넣은
저염 된장 스프레드는 빵에 발라먹는 스프레드나 채소와 곁들여
먹는 쌈장으로 활용하기 좋다.

이 책에서는 이렇게 사용했어요

저염 된장 참치샌드위치(110쪽)

✅ 완성량_1.5ℓ

✅ 조리 시간_1시간(+ 콩 삶기 1시간, 숙성시키기 1일)

✅ 보관 기간_냉장 1개월, 냉동 6개월

- 된장 1컵(220g)
- 백태 4컵
- 단호박 1개(800g)
- 마늘 10쪽(50g)
- 호박씨 1컵(120g)
- 해바라기씨 1컵(120g)
- 잣 1컵(120g)
- 고추씨가루 1/2컵(생략 가능)
- 고춧가루 4~5큰술(생략 가능)
- 자염 1~2큰술(또는 소금)

1 26쪽을 참고해 백태를 압력솥에 삶는다. 체에 밭쳐 물기를 뺀 후 볼로 옮겨 절굿공이로 찧는다.

2 단호박은 씨를 긁어내고 껍질을 벗긴다. 김 오른 찜기에 중간 불로 20분 동안 찐 후 볼로 옮겨 절굿공이로 찧는다.

3 마늘은 채 썰어 찬물에 30분간 담가 매운맛을 제거한다. 체에 밭쳐 물기를 제거한 후 팬에 넣고 약한 불로 7~10분간 투명해질 때까지 볶는다.

4 호박씨, 해바라기씨, 잣은 사방 0.3cm 크기로 다진다.

5 모든 재료를 고루 섞어 밀폐 용기에 담고, 실온에 24시간 두었다가 냉장 보관한다.

유자 된장소스

- 완성량_750㎖
- 조리 시간_20분
- 보관 기간_냉장 2개월

- 된장 2.5큰술(37g)
- 표고버섯 3~5개(75~100g)
- 풋고추 2개(20g)
- 홍고추 2개(20g)
- 다진 파 1.5큰술
- 다진 마늘 1큰술
- 식용유 2큰술
- 다시마물 2컵
  ＊ 만들기 53쪽
- 유자청 2큰술(30g)
- 청주 2.5큰술
- 전분물 2큰술

이렇게 활용하세요

된장 특유의 냄새를 향기로운 유자로
부드럽게 만든 소스. 채소로 만든
전채요리, 담백한 두부 요리에 더하면
산뜻하게 잘 어울린다.

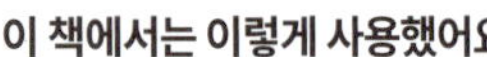

이 책에서는 이렇게 사용했어요

두부스테이크와 유자 된장소스(112쪽)

1 표고버섯은 다지고, 풋고추,
홍고추는 반으로 갈라 씨를
빼고 곱게 채 썬다.

2 팬에 식용유를 두르고
중약 불에서 다진 파,
다진 마늘을 볶다가 향이
올라오면 ①의 재료를 넣고
잠시 더 볶는다.

3 된장, 다시마물, 유자청,
청주를 넣고 중간 불에서
바글바글 끓이다가 전분물을
넣고 잘 저어가며 농도가
생길 때까지 1~2분 더 끓인다.

… 전분물은 감자전분과 물을
2큰술씩 섞어 분량만큼 준비한다.

된장 마요소스

- 완성량_150㎖
- 조리 시간_5분
- 보관 기간_냉장 1개월

- 된장 4큰술(60g)
- 마요네즈 4큰술(40g)
- 맛술 1큰술
- 식초 1큰술
- 올리고당 1큰술
- 통깨 간 것 1작은술

이렇게 활용하세요

된장과 마요네즈의 조화로 감칠맛을 살린 소스. 흰살 생선, 호박,
고구마나 버섯 같은 담백한 튀김에 풍미를 더해 맛을 한층 끌어올리는
용도로 사용하면 좋다.

이 책에서는 이렇게 사용했어요

북어깻잎튀김과 된장 마요소스(113쪽)

1 볼에 모든 재료를 넣고
잘 섞는다.

무시래기 된장조림

말린 시래기를 부드럽게 삶아 만든 소박하면서도 깊은 맛의 반찬입니다.
구수한 시래기에 갖은 양념을 넣고 끓이면 된장소스의 진한 맛이 어우러져 이 메뉴 하나로도
밥 한 그릇 맛있게 비울 수 있을 거예요.

양념과 소스 준비하기

만능 양념된장
만들기 100쪽

- 완성량_3~4인분
- 조리 시간_1시간(+시래기 담가두기 6~8시간)

- 불린 무청시래기 300g
- 배추잎 5~6장(200g)
- 무 1~2cm 한 토막(150g)
- 소금 약간 + 1작은술
- 만능 양념된장 4~5큰술(60g)
  ＊ 만들기 100쪽
- 쌀뜨물 2컵
- 다진 청양고추 1큰술
- 통깨 1/2큰술

1 냄비에 무청시래기, 넉넉한 양의 물을 넣고 센 불에서 삶는다.
시래기가 물러지면 불을 끄고 하룻밤 그대로 둔다.
맑은 물에 2~3번 헹군 후 물기를 꼭 짠다.

… 데친 시래기를 구입한 경우, 깨끗하게 씻어서 바로 사용한다.

2 시래기는 질긴 겉껍질을 벗겨 7cm 길이로 썬다.

… 연한 것은 겉껍질을 벗기지 않고 썬다.

3 배추는 1×7cm 크기로 썰고, 무는 0.3cm 두께로 채 썬다.

4 배추는 끓는 물에 소금(약간)을 넣고 1분간 데친 후 물기를 꼭 짠다.

5 볼에 ③의 무를 넣고 소금(1작은술)을 뿌려 10분간 절인 후 물기를 뺀다.

6 냄비에 무청시래기, 배추, 무를 넣고 만능 양념된장으로 골고루 버무린 후
쌀뜨물을 붓고 중간 불에서 끓인다.

… 쌀을 1~2번 씻은 물은 버리고, 그 다음 물을 붓고 쌀을 씻은 뿌연 물을
쌀뜨물로 쓴다.

7 맛이 배고 재료가 잘 어우러지면 다진 청양고추, 통깨를 넣고 불을 끈 후
뚜껑을 덮어 5분간 뜸을 들인다.

된장소스 새우 쌀국수샐러드

양념과 소스 준비하기
**된장
샐러드소스**
만들기 100쪽

탱글한 새우와 아삭한 채소에 된장 샐러드소스를 곁들여 고소하면서도 상큼한 맛을
즐길 수 있는 샐러드입니다. 단백질, 식이섬유도 풍부하고 쌀국수를 더해 포만감도 좋아
가벼운 한 끼로 추천합니다.

- 완성량_2~3인분
- 조리 시간_30분(+쌀국수면 불리기 1시간)

- 새우 300g(중간 크기)
- 가는 쌀국수면(버미셀리) 50g
- 된장 샐러드소스 5큰술 + 1/2컵
  ＊ 만들기 100쪽
- 양배추 2장(50g)
- 오이 1개(200g)
- 무 1cm 한 토막(100g)
- 당근 1/4개(50g)
- 양파 1/2개(100g)
- 고수 약간(생략 가능)
- 생강술 2큰술
- 소금 1/2작은술
- 후춧가루 1/8작은술
- 버터 1큰술

초절임 양념
- 식초 2큰술
- 설탕 1큰술
- 소금 1작은술

1　가는 쌀국수면은 찬물에 1시간 불렸다가 끓는 물에 1분간 데친 후
　찬물에 헹궈 체에 밭친다.

2　볼에 새우, 생강술, 소금, 후춧가루를 넣고 버무려 재워둔다.
　… 생강술이 없으면 생강즙과 청주를 1 : 2 비율로 섞어 사용한다.

3　양배추, 오이, 무, 당근은 1×5cm 크기, 0.2cm 두께로 썬다.
　양파는 채 썬다.

4　볼에 초절임 양념 재료를 넣고 섞어 ③의 무를 버무린 후 10분간 절인다.

5　팬에 버터를 녹이고 ②의 새우를 중간 불에서 앞뒤로 붉은색이 될 때까지
　익힌 후 반으로 저민다.

6　쌀국수면에 된장 샐러드소스(5큰술)를 넣어 버무린다.

7　접시에 ③의 채소, ④의 무 초절임, ⑤의 새우, ⑥의 쌀국수면을 담고
　고수, 된장 샐러드소스(1/2컵)를 기호에 맞게 곁들인다.

저염 된장 참치샌드위치

양념과소스 준비하기
저염 된장스프레드
만들기 102쪽

된장의 고소한 맛이 참치와 제법 잘 어우러집니다.
프렌치 토스트처럼 달걀물에 담갔다 구워서 따뜻한 샌드위치로 즐겨보세요.

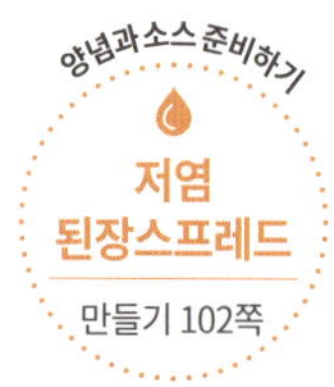

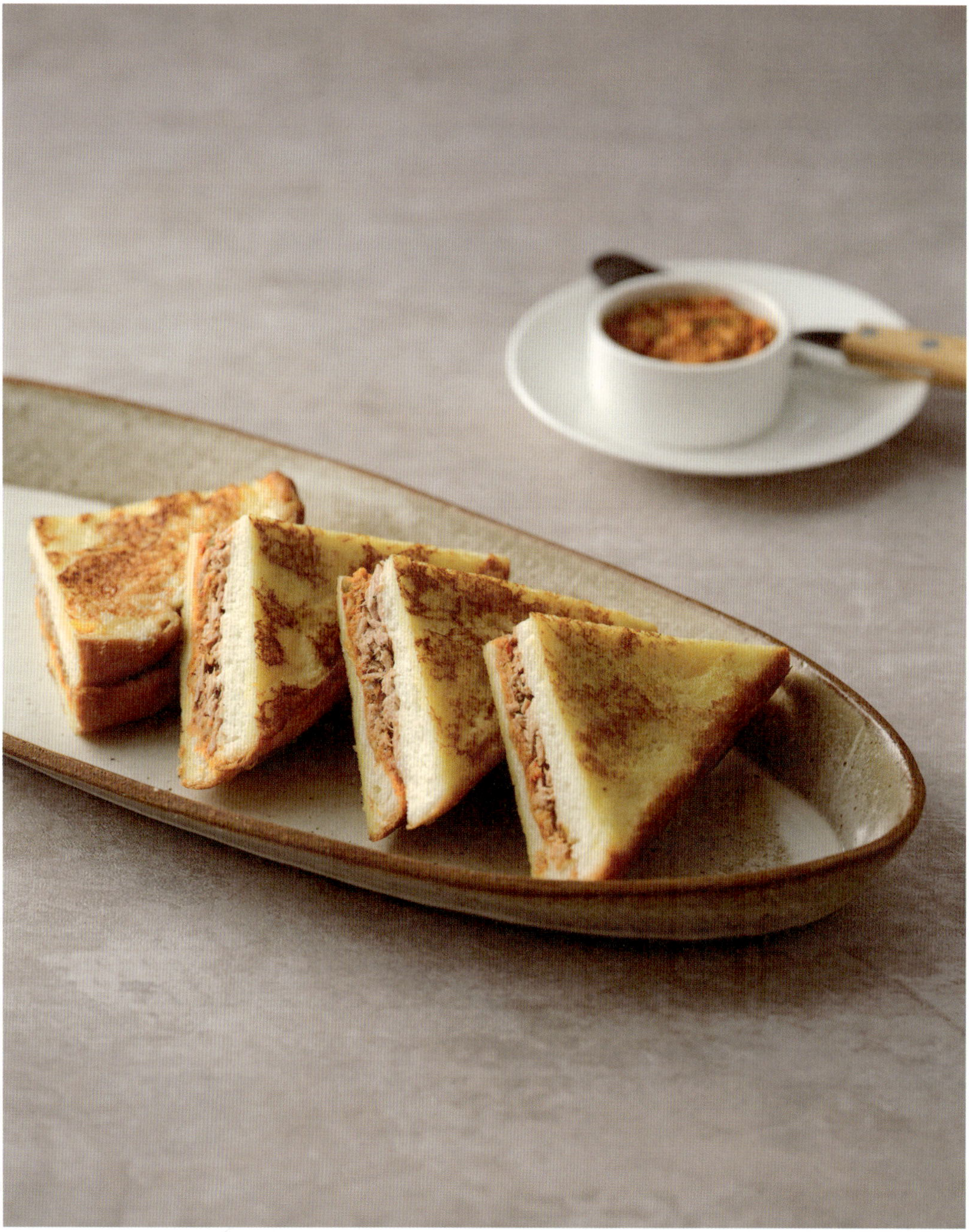

✔ 완성량_2~3인분

✔ 조리 시간_20분

- 식빵 8장
- 통조림 참치 1캔(150g)
- 저염 된장스프레드 1/2컵
  ＊ 만들기 102쪽
- 마요네즈 4큰술(40g)
- 후춧가루 1/8작은술
- 버터 2큰술

달걀물
- 달걀 4개
- 우유 1/2컵
- 설탕 1큰술

1   통조림 참치는 기름을 빼고 잘게 으깬 후 후춧가루를 넣고 섞는다.

2   식빵의 한쪽 면에는 저염된장 스프레드를 바르고, 다른 쪽 면에는
    마요네즈를 바른다. 마요네즈를 바른 쪽에 ①의 참치를 올리고 두 면을
    맞붙여 샌드위치를 만든다.

3   볼에 달걀물 재료를 넣고 잘 섞는다.

4   ②의 샌드위치를 ③의 달걀물에 앞뒤로 담가 적신다.

5   달군 팬에 버터를 녹인 후 중약 불에서 샌드위치를 앞뒤로 노릇하게
    굽는다. 먹기 좋게 자른다.

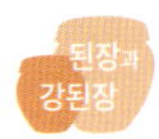

두부스테이크와 유자 된장소스

양념과 소스 준비하기

유자 된장소스

만들기 104쪽

두부에 고구마, 견과류로 맛을 더해 노릇하게 구운 두부 스테이크입니다.
상큼한 유자 된장소스를 듬뿍 얹어 든든한 끼니로 즐기세요.

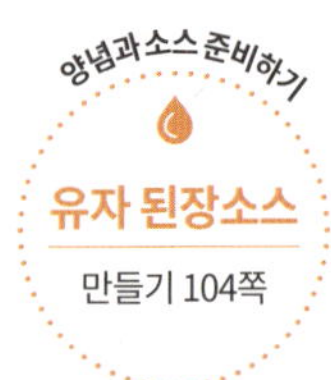

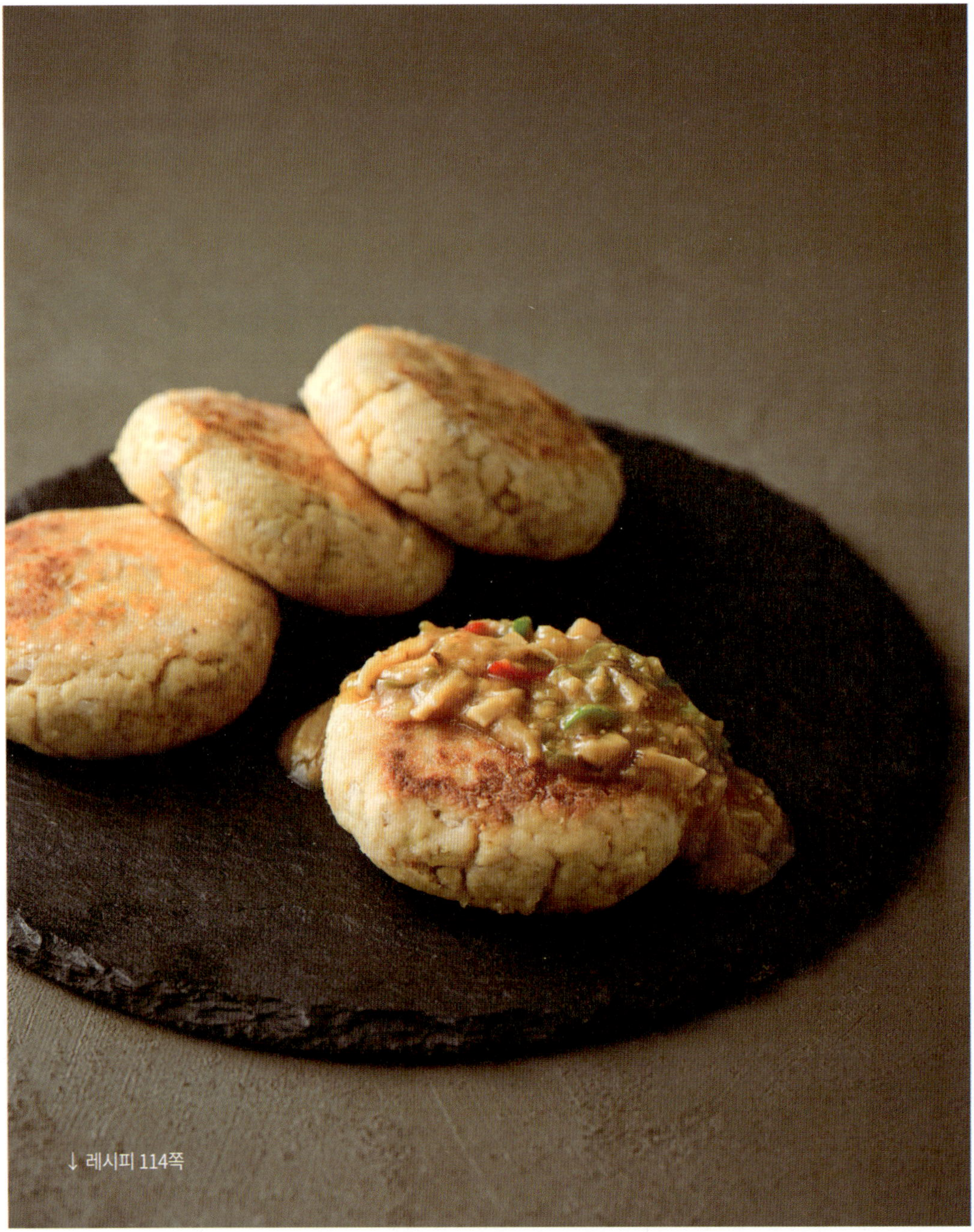

↓ 레시피 114쪽

북어깻잎튀김과 된장 마요소스

북어채에 양념을 해서 감칠맛을 높이고 향긋한 깻잎과 함께 반죽해 튀기면
부드러운 된장 마요 소스와 궁합이 잘 맞아 누구나 좋아하는 영양 간식이 완성됩니다.

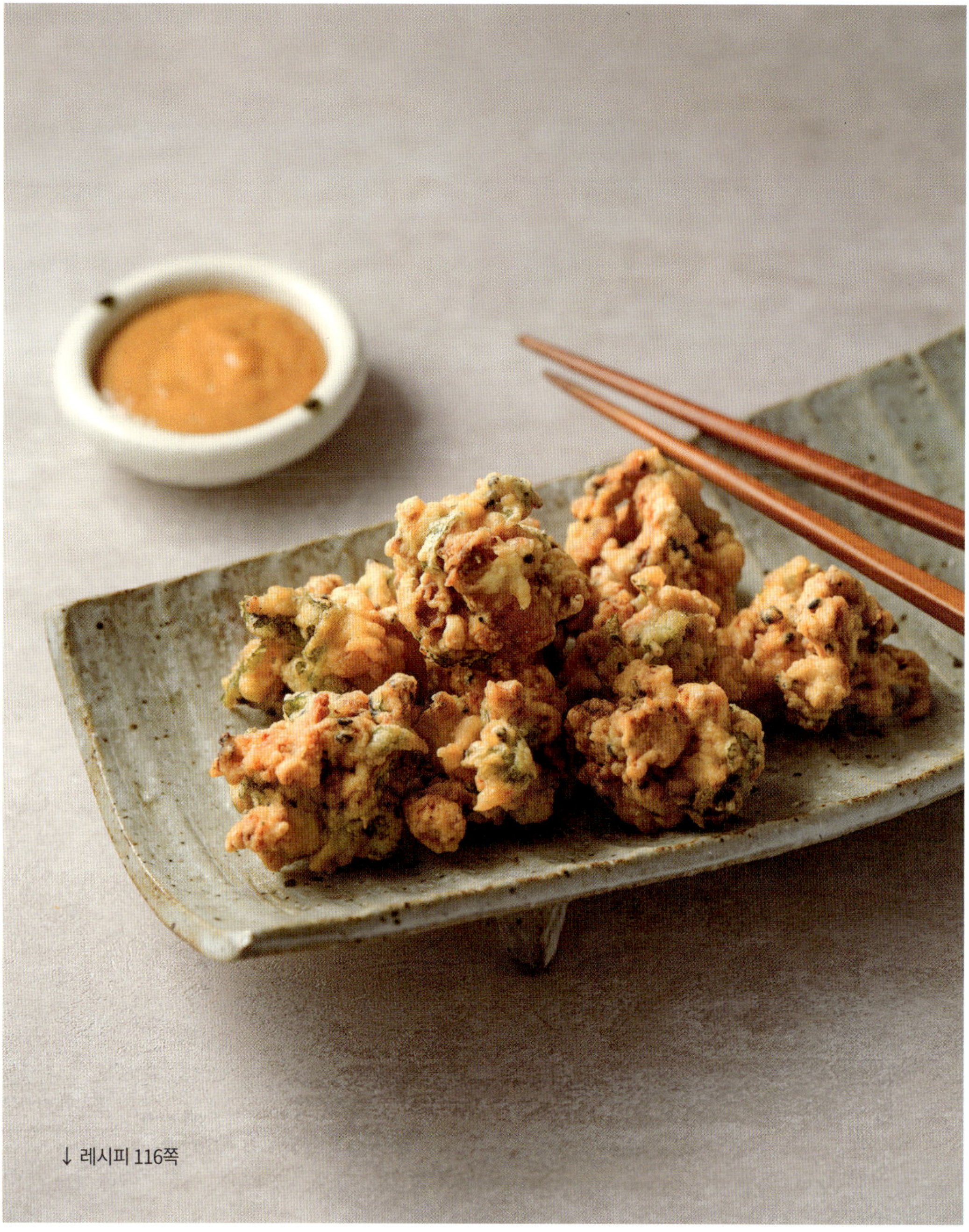

↓ 레시피 116쪽

두부 스테이크와 유자 된장소스

- 완성량_6~7개
- 조리 시간_30분

- 두부 3~4모(800~900g)
- 찐 고구마 1/2개(120g)
- 양파 3/4개(140g)
- 호두 3큰술(30g)
- 잣 1큰술(10g)
- 달걀흰자 1개 분량
- 참기름 1큰술
- 소금 약간
- 유자 된장소스 1/2컵(100g)
  * 만들기 104쪽
- 감자전분 1/2컵
- 식용유 약간

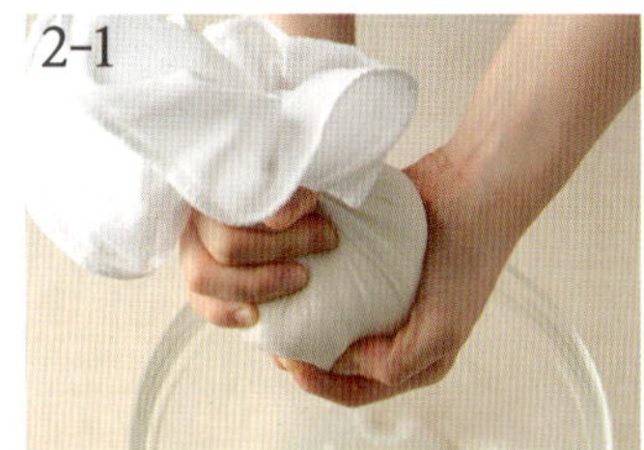

1 냄비에 넉넉한 양의 물을 담고 끓여 두부, 소금을 넣고 1~2분간 데친다.

2 면포에 두부를 담아 물기를 꽉 짠 후 칼을 눕혀 으깬다.

3 찐 고구마는 절굿공이로 곱게 으깬다.

4 양파는 곱게 다진다. 호두, 잣은 마른 팬에 중약불로 노릇하게 구워
   곱게 다진다.

5	팬에 양파를 넣고 중약 불에서 투명해질 때까지 볶는다.
6	볼에 ②의 두부, ③의 고구마, ④의 잣, 호두, ⑤의 양파, 달걀흰자, 참기름, 소금을 넣고 섞어 반죽한다.
7	반죽을 약 120g씩 분할하고 둥글납작하게 빚는다.
8	반죽에 감자전분을 묻히고 달군 팬에 식용유를 둘러 중약 불에서 노릇하게 익힌다. 다 익은 두부 스테이크에 유자 된장소스를 곁들인다.
…	한 번에 다 먹지 못할 경우, 구운 것을 얼렸다가 냉장 해동해서 약한 불로 달군 팬에 구워 먹는다.

북어깻잎튀김과 된장 마요소스

- 완성량_2~3인분
- 조리 시간_40분

- 북어채 3컵(60g, 또는 황태채)
- 깻잎 4장(8g)
- 볶은 검은깨 1/2큰술
- 밀가루 1/2컵 + 2큰술
- 튀김가루 1/2컵
- 달걀흰자 1개 분량
- 얼음물 1/2컵
- 식용유 적당량(튀김용)
- 된장 마요소스 1/4컵(50g)
  ＊ 만들기 105쪽

북어 양념장
- 간장 2작은술
- 설탕 1작은술
- 다진 파 1작은술
- 다진 마늘 1/2작은술
- 통깨 간 것 1작은술
- 참기름 1/2작은
- 후춧가루 1/8작은술

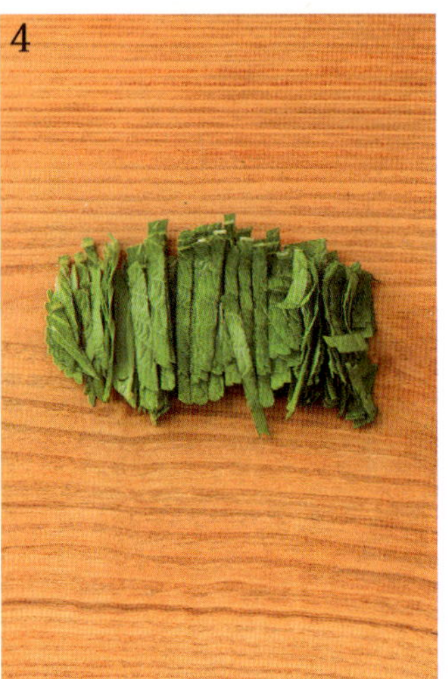

1   북어채는 미지근한 물에 10분간 불려 가시를 발라내고 물기를 제거한 후 2cm 길이로 자른다.

2   볼에 북어 양념장 재료를 넣고 섞는다.

3   ①의 북어채를 북어 양념장에 버무려 재워둔다.

4   깻잎은 길게 반으로 자른 후 0.3cm 두께로 채 썬다.

5 볼에 밀가루(1/2컵), 튀김가루, 달걀흰자, 얼음물을 넣고 섞는다.
  볶은 검은깨, 깻잎을 넣고 섞어 튀김 반죽을 만든다.

6 ③의 북어채에 밀가루(2큰술)를 골고루 묻힌다.

7 ⑤의 튀김 반죽에 ⑥의 북어채를 넣고 고루 섞는다.

8 튀김솥에 식용유를 넉넉히 붓고 170℃까지 달군 후 반죽을 숟가락으로
  떠서 넣고 노릇해질 때까지 튀긴다. 잠시 건져 체에 밭쳐두었다가
  한 번 더 바삭하게 튀긴 후 된장 마요소스를 곁들여 낸다.

강된장 자박이찌개

갖은 재료와 양념을 층층이 쌓고 천천히 끓여 깊은 맛을 우려낸, 밥과 함께 비벼 먹기 좋은 강된장찌개입니다.
된장과 고추장의 구수한 조화와 재료의 단맛이 자연스럽게 녹아들어 입맛을 돋워줍니다.

완성량_2~3인분

조리 시간_30분

- 소고기 채 썬 것 100g
  (우둔살, 홍두깨살)
- 무 50g
- 표고버섯 1/2개(15g)
- 풋고추 1개(10g)
- 홍고추 1/2개(5g)
- 된장 4큰술(60g)
- 고추장 1/2큰술
- 꿀 1/2큰술
- 참기름 2작은술
- 다시마물 1컵
  ＊ 만들기 53쪽

소고기 양념

- 간장 1.5작은술
- 다진 파 2작은술
- 다진 마늘 1작은술
- 설탕 1작은술
- 참기름 2작은술
- 통깨 간 것 1작은술
- 생강즙 1/2작은술
- 후춧가루 약간

1   볼에 소고기 양념 재료를 모두 넣고 섞은 후 소고기 채 썬 것을 넣고
버무려 재워둔다.

2   무는 굵직하게 채 썰고, 표고버섯은 곱게 채 썬다. 풋고추, 홍고추는 반을
갈라 씨를 긁어낸 후 곱게 채 썬다.

3   볼에 된장, 고추장, 꿀, 참기름을 넣고 잘 섞는다.

4   뚝배기에 ②의 무를 깔고 ①의 소고기와 ②의 표고버섯을 반씩 올린다.
그 위에 ③의 양념 섞은 것을 올리고 같은 순서로 한 층 더 쌓은 후
풋고추, 홍고추를 올린다.

… 뚝배기 옆면에 재료가 닿지 않도록 소복하게 쌓아올린다.

5   뚝배기 가장자리로 다시마물을 붓고 중간 불로 5분간 끓인다.
잘 섞은 후 약한 불로 줄여 5분간 더 끓인다.

쌈 싸먹는 보리강된장

탱글하게 삶은 통보리와 잘게 썬 채소를 함께 볶아 구수한 맛을 제대로 살린 강된장입니다.
보리 삶은 물을 넣고 걸쭉한 농도로 끓여서 쌈에 올려 먹기 좋아요.

- 통보리 1/3컵(50g)
- 물 4~5컵
- 된장 3큰술(60g)
- 고추장 1큰술(20g)
- 애호박 1/3개(80g)
- 표고버섯 2개(35g)
- 새송이버섯 1/2개(40g)
- 양파 1/4개(50g)
- 감자 1/6개(30g)
- 홍고추 1개(10g)
- 풋고추 2개(20g)
- 마늘편 5쪽 분량(25g)
- 참기름 2큰술

1. 냄비에 통보리, 물(4~5컵)을 붓고 중간 불에서 푹 삶아 익힌다.
   보리 삶은 물이 1.5컵 정도 남으면 불을 끈다.
   ⋯ 삶은 보리는 체에 거르지 않고 물에 담가 그대로 둔다.

2. 볼에 된장과 고추장을 넣고 잘 섞는다.

3. 애호박, 표고버섯, 새송이버섯, 양파, 감자, 홍고추, 풋고추는 모두
   사방 0.5cm 크기로 잘게 썬다.

4. 달군 팬에 참기름을 두르고 중간 불에서 마늘편, ③의 양파를 먼저
   볶다가 향이 올라오면 나머지 채소를 넣고 살짝 볶는다.

5. ②의 양념을 넣고 약한 불에서 타지 않게 볶다가 ①의 통보리와
   삶은 물을 붓고 약한 불에서 10분간 끓인다.

쌈장과 청국장

된장, 고추장을 3 : 1비율로 섞어 만든 쌈장에는 이색적인 재료를 더해 활용도를 높이고,
청국장은 감칠맛을 더하는 재료들로 맛깔나게 완성했습니다.

볶음 쌈장소스

이렇게 활용하세요

강원도 발효 막장인 까막장처럼 달콤 짭짜름한
맛을 가진 소스로 채소볶음, 자장면, 떡볶이 등에
활용한다.

이 책에서는 이렇게 사용했어요

돼지고기 가지 쌈장볶음(126쪽)

매운 쌈장소스

이렇게 활용하세요

부드러운 매운맛으로 김치찌개, 라면, 똠양꿍 등
다양한 매운 국물요리에 한 스푼씩 더하면
감칠맛을 낼 수 있다.

이 책에서는 이렇게 사용했어요

김치 고기말이 쌈장소스찜(128쪽)

볶음 쌈장소스

- 완성량_300㎖
- 조리 시간_15분
- 보관 기간_냉장 2개월

- 쌈장 1/2컵(110g)
- 볶은 춘장 1/2컵(110g)
- 다진 파 5큰술(50g)
- 다진 마늘 2큰술
- 식용유 2큰술
- 생강즙 1큰술
- 후춧가루 1/4작은술
- 물 1컵
- 전분물 3~4큰술

1 팬에 식용유를 두르고 다진 파, 다진 마늘을 넣고 중간 불에서 향이 올라올 때까지 볶는다. 쌈장, 춘장, 생강즙, 후춧가루를 넣고 잘 섞어서 1분간 볶는다.

… 쌈장은 된장과 고추장을 3 : 1 비율로 섞어 준비한다.

2 물을 붓고 끓어오르면 전분물을 넣어 농도를 맞춘다.

… 전분물은 감자전분과 물을 4큰술씩 섞어 분량만큼 준비한다.

매운 쌈장소스

- 완성량_300㎖
- 조리 시간_10분
- 보관 기간_냉장 2개월

- 쌈장 1/2컵(110g)
- 핫소스 2큰술
- 고추기름 2큰술
- 꿀 2큰술
- 다진 청양고추 2개 분량
- 다진 파 2큰술
- 다진 마늘 1큰술
- 생강즙 1/2작은술
- 후춧가루 1/8작은술

1 냄비에 모든 재료를 넣고 섞은 후 중약 불에서 3~5분간 끓인다.

… 쌈장은 된장과 고추장을 3 : 1 비율로 섞어 준비한다.

달콤한 귤 쌈장소스

- 완성량_500㎖
- 조리 시간_20분
- 보관 기간_냉장 1개월

- 쌈장 1/2컵(110g)
- 귤 1개(70g)
- 양파 1개(200g)
- 올리브유 1/4컵
- 현미식초 1/4컵
- 꿀 2큰술
- 생크림 2큰술
- 후춧가루 1/8작은술

이렇게 활용하세요

돼지고기, 닭고기 등 담백한 육류의 디핑소스 또는 양념으로
활용하기 좋다.

이 책에서는 이렇게 사용했어요

달콤한 쌈장소스 찜닭(130쪽)

1. 양파는 채 썰어 달군 팬에 넣고 기름 없이 중약불에서 갈색이 나도록 볶는다.

2. 귤은 껍질을 벗기고 가운데 굵은 섬유질을 제거한 후 껍질과 알맹이 모두 준비한다.

3. 블렌더에 모든 재료를 넣고 곱게 간다.

청국장소스

- 완성량_500㎖
- 조리 시간_10분
- 보관 기간_냉장 2개월

- 청국장 1/2컵
- 다시마물 1컵
  * 만들기 53쪽
- 매실청 3큰술
- 청주 2큰술
- 다진 파 5큰술
- 다진 마늘 2큰술
- 생강즙 1큰술
- 통깨 간 것 1큰술
- 소금 1큰술
- 후춧가루 1/8작은술

이렇게 활용하세요

청국장은 강한 냄새 때문에 선호하지 않는 경우도 있지만, 소스로
활용하면 냄새가 크게 두드러지지 않는다. 청국장찌개를 끓이거나,
떡볶이를 만들면 누구나 부담 없이 즐길 수 있다.

이 책에서는 이렇게 사용했어요

청국장 호박고지 떡볶이(132쪽)

1 냄비에 모든 재료를 넣고
   잘 섞은 후 중약 불에서 5분간
   끓인다.

   … 간이 되어 있는 시판 청국장을
   사용하는 경우, 소금을
   생략하거나 조절하는 것이 좋다.

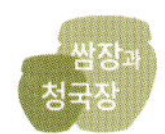

돼지고기 가지 쌈장볶음

양념과 소스 준비하기

볶음 쌈장소스

만들기 122쪽

볶음 쌈장소스로 짭조름한 맛을 더해, 남녀노소 누구나
맛있게 먹을 수 있는 영양 가득한 메뉴입니다.

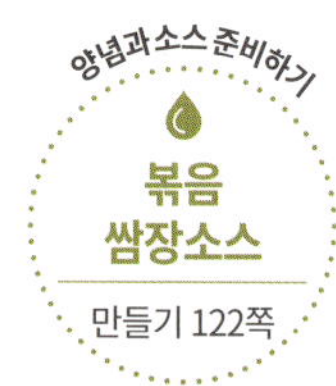

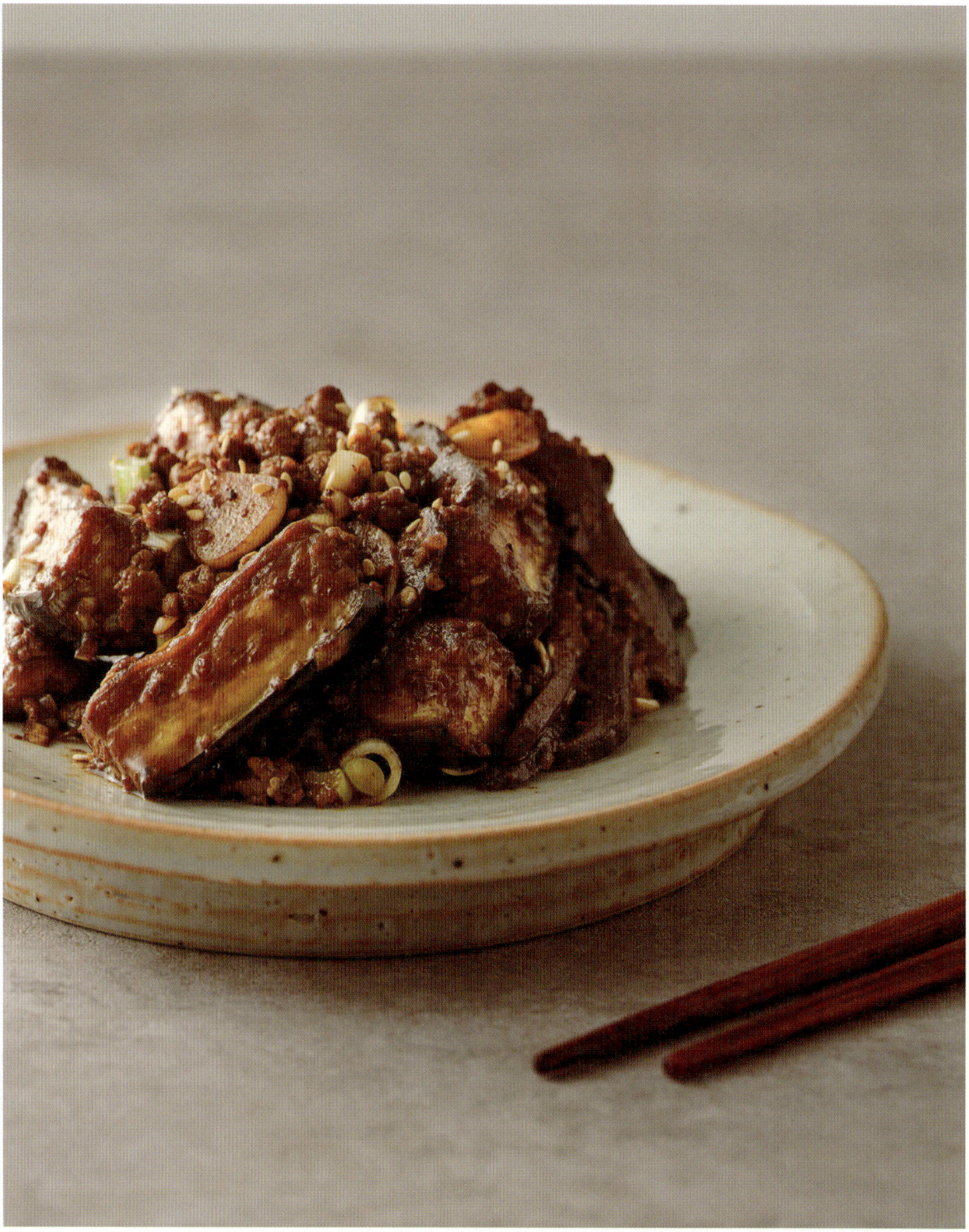

- ✅ 완성량_2~3인분
- ✅ 조리 시간_20분

- 가지 2개(150g)
- 표고버섯 3장(75g)
- 돼지고기 간 것 100g
- 마늘편 5쪽 분량(25g)
- 식용유 2큰술
- 볶음 쌈장소스 1/4컵(55g)
  * 만들기 122쪽
- 송송 썬 대파 2큰술(20g)
- 참기름 1큰술
- 통깨 1/2큰술

가지 절임물
- 물 3컵
- 소금 2큰술(20g)

1 가지는 길게 4등분한 후 6cm 길이로 썬다. 표고버섯은 채 썬다.

2 볼에 물(3컵)을 붓고 소금을 녹인 후 가지를 담가 10분간 두었다가 체에 밭쳐 물기를 뺀다.

3 달군 팬에 식용유를 두르고 중간 불에서 마늘편을 볶다가 향이 올라오면 돼지고기 간 것을 넣고 볶는다.

4 돼지고기가 익어 핏기가 없어지면 ①의 표고버섯, ②의 가지, 볶음 쌈장소스를 넣고 잘 섞는다. 송송 썬 대파, 참기름을 넣고 3~5분간 더 볶은 후 통깨를 뿌린다.

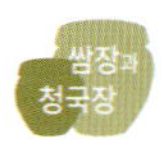

김치 고기말이 쌈장소스찜

양념과 소스 준비하기
매운 쌈장소스
만들기 122쪽

서양의 캐비지롤을 응용해 만든 김치찜 레시피입니다.
여러 사람이 모였을 때 나눠 먹기 좋고, 색다르게 즐길 수 있습니다.

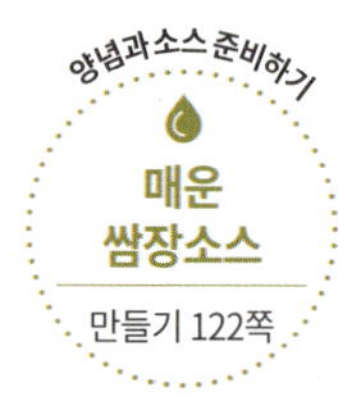

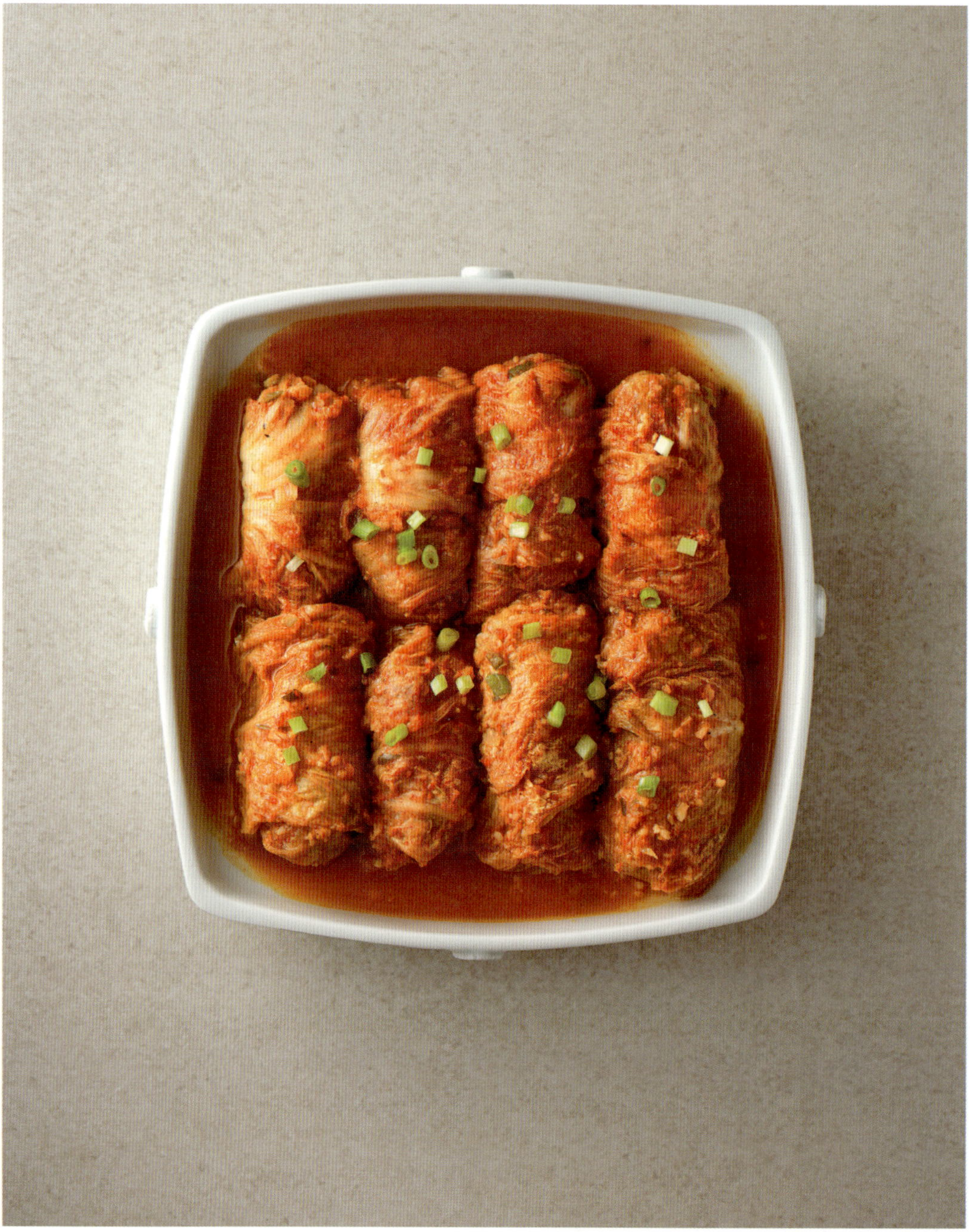

✅ 완성량_2~3인분

✅ 조리 시간_40분

- 배추김치 1포기(1kg)
- 돼지고기 간 것 80g
- 소고기 간 것 100g
- 송송 썬 쪽파 2줄기(16g)

고기 양념
- 매운 쌈장소스 1큰술(15g)
  ＊ 만들기 122쪽
- 통깨 간 것 2작은술
- 참기름 2작은술
- 다진 양파 1/3개 분량(70g)
- 다진 마늘 1큰술
- 다진 생강 1작은술

쌈장 육수
- 김치국물 1/2컵
- 매운 쌈장소스 3큰술(45g)
  ＊ 만들기 122쪽
- 다시마물 2컵
  ＊ 만들기 53쪽

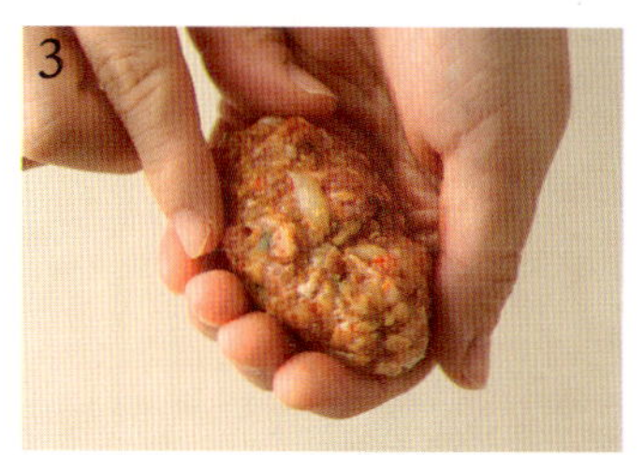

1   배추김치는 속을 털어낸 후 큰 잎부분은 말이용으로 잘라두고
    나머지는 잘게 다진다.

2   볼에 소고기, 돼지고기 간 것, 다진 김치, 모든 고기 양념 재료를 넣고
    잘 섞는다.

   ⋯ 소고기, 돼지고기를 함께 사용하면 씹는 맛을 살리면서도 촉촉하고 부드럽게
    만들 수 있다.

3   ②의 반죽은 30~40g 정도로 분할해 원통형으로 빚는다.

4   ①의 김치 잎부분에 올려 양옆을 접고 돌돌 만다.

5   김치말이를 전골 냄비에 가지런히 담는다.

6   볼에 모든 쌈장 육수 재료를 넣고 섞은 후 ⑤의 냄비에 부어 중간 불에서
    10분간 끓인다.

7   송송 썬 쪽파를 올리고 1~2분 더 끓인다.

달콤한 쌈장소스 찜닭

양념과 소스 준비하기
달콤한 귤 쌈장소스
만들기 124쪽

쌈장에 귤을 더해 달콤하고도 부드럽게 만든 소스로 담백하고 소화 잘되는 찜닭 한 끼를 즐길 수 있습니다.

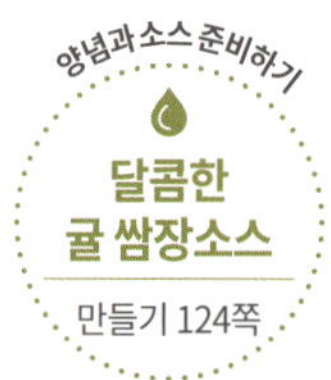

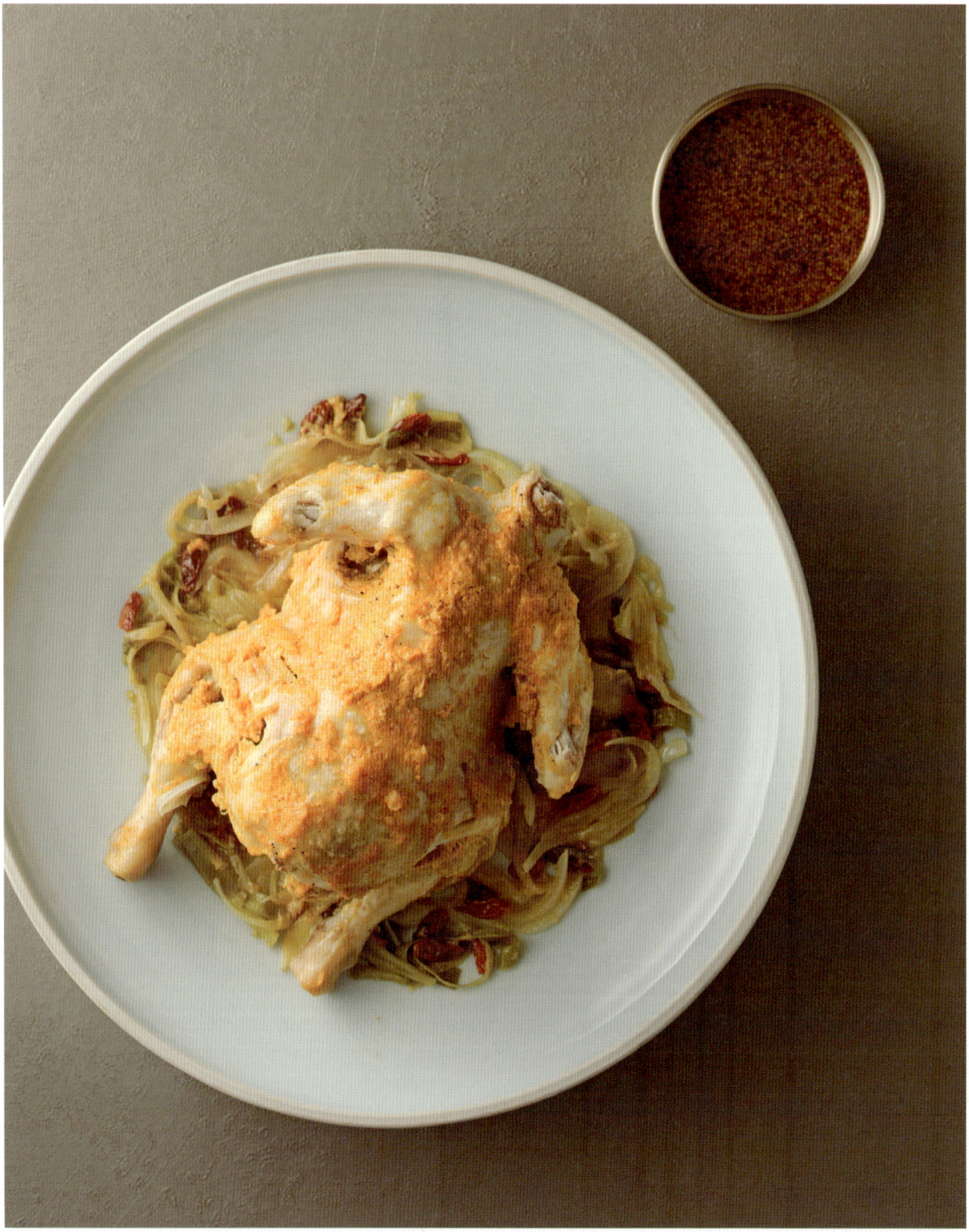

✔ 완성량_2~3인분

✔ 조리 시간_1시간 10분

- 닭 1마리(1kg)
- 양파 1개(200g)
- 생강 1톨(마늘 크기, 5g)
- 대파 1대(30g)
- 구기자 1/4컵(20g, 생략 가능)
- 생강술 2큰술(30g)
- 소금 약간
- 후춧가루 약간
- 달콤한 귤 쌈장소스 1컵(200g)
  ＊ 만들기 124쪽

겨자 소스
- 홀그레인 머스터드 2큰술
- 간장 2큰술
- 올리고당 2큰술
- 식초 1큰술
- 참기름 1작은술

1 닭은 살이 두터운 부분에 칼집을 넣고 생강술, 소금, 후춧가루를 겉에 발라 10분간 둔다.

   … 생강술은 닭의 누린내를 없애는 데 효과적이다. 생강술이 없으면 생강즙과 청주를 1 : 2 비율로 섞어 사용한다.

2 ①의 닭에 달콤한 귤 쌈장소스를 골고루 바른다.

   … 마사지 하듯이 두드려가며 바르면 간이 잘 밴다.

3 양파, 생강, 대파는 채 썬다.

4 찜기에 ③의 채 썬 재료와 구기자를 섞어 깐다.

5 ②의 닭을 얹어 중강 불에서 40~50분간 찐다.

6 볼에 겨자 소스 재료를 모두 넣어 섞고 찜닭에 곁들인다.

청국장 호박고지 떡볶이

맵고 강한 고추장 떡볶이 대신 부드럽고 감칠맛 가득한 청국장 떡볶이는 어린아이들이나
연세가 많은 분들도 좋아하는 인기 메뉴입니다.

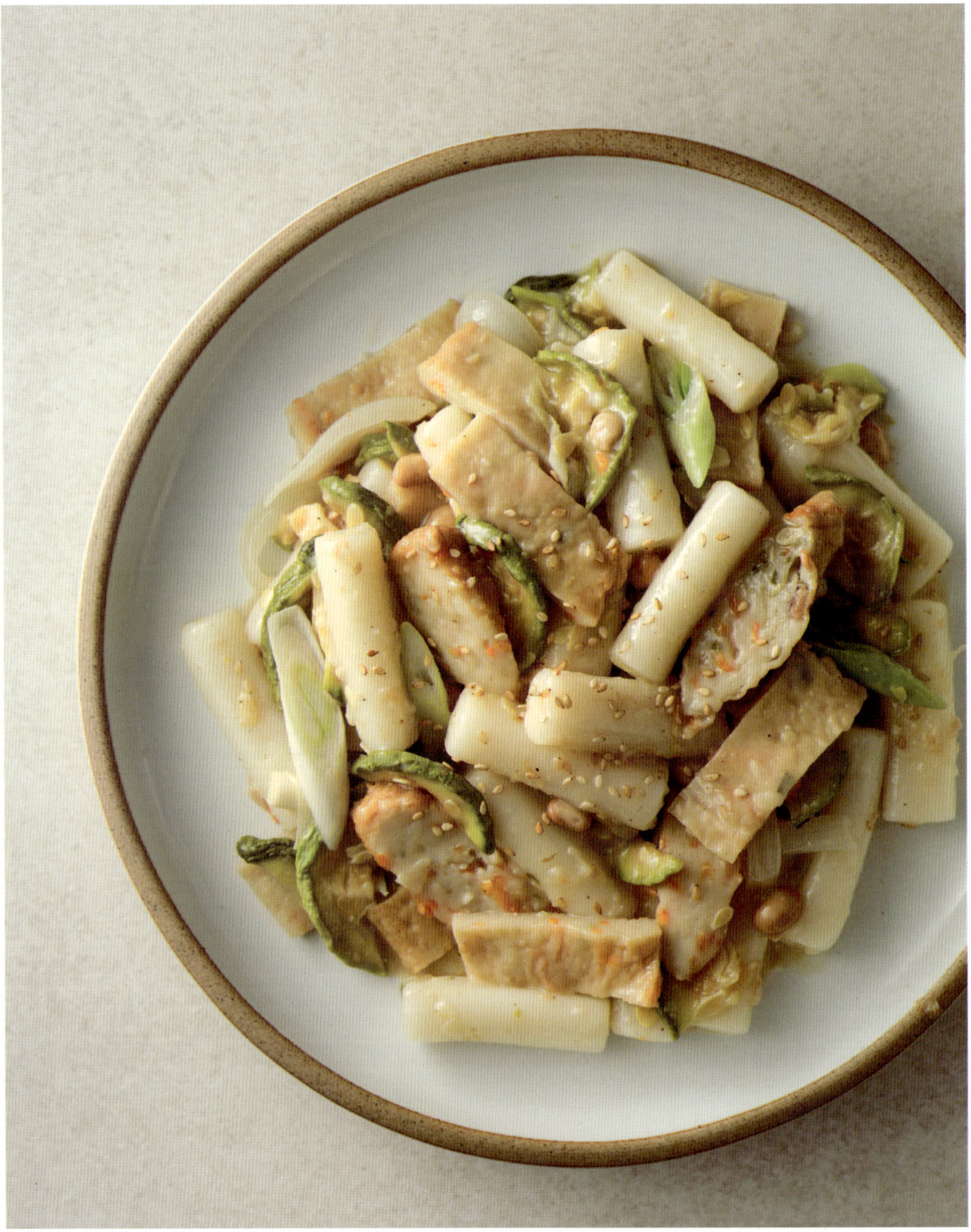

청국장 호박고지 떡볶이

- 완성량_2~3인분
- 조리 시간_30분(+ 호박고지 불리기 30분)

- 떡볶이떡 400g
- 어묵 200g
- 호박고지(말린 애호박) 1.5컵
  (30g, 또는 다른 말린 나물,
  애호박 200g)
- 양파 1/2개(100g)
- 대파 1대(30g)
- 조청 2큰술
- 물 2컵
- 청국장소스 1컵(200g)
  ＊ 만들기 125쪽
- 간장 1큰술
- 참기름 1큰술
- 통깨 간 것 1/2큰술

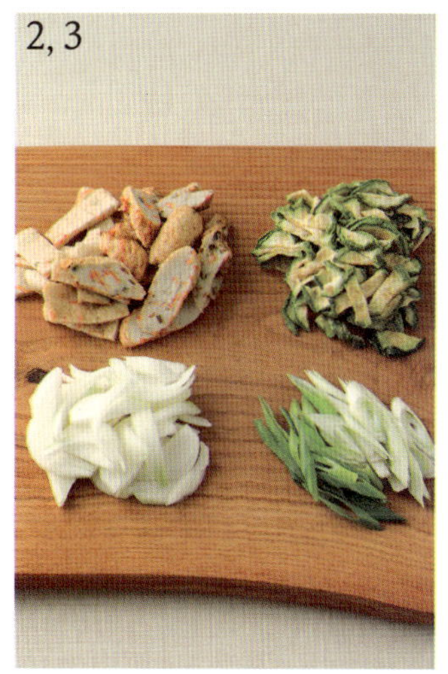

1 떡볶이떡, 호박고지는 각각 물에 담가 30분간 불린다.

2 ①의 호박고지, 어묵은 먹기 좋게 자른다.

3 양파는 굵게 채 썰고, 대파는 어슷 썬다.

4 팬에 참기름, 통깨 간 것을 제외한 모든 재료를 넣고 중간 불에서
10분간 끓인다. 국물이 걸쭉해지고 떡이 말랑하게 익으면 불을 끄고
참기름, 통깨 간 것을 넣는다.

4

익을수록 점점 더 맛이 깊어지는
장아찌

우리 장아찌는 제철 재료의 맛과 식감을
오래 즐길 수 있도록 장을 더하고
숙성시켜 만든 반찬입니다.
재료마다 수분, 조직, 향이 달라
그에 맞는 절임 방식과 양념
비율을 찾는 것이 중요한데,
기본적인 방법만 익히면 누구나
쉽게 만들 수 있습니다. 계절의
풍미를 고스란히 담아낸 다양한
장아찌 레시피를 소개하니, 두고두고
먹기 좋은 반찬으로 활용해보세요.

* 간장 장아찌는 염도가 낮고 감칠맛과 단맛이
  풍부한 시판 양조간장으로 만들었습니다.
  직접 만든 간장을 활용하고자 한다면 5년 이상 숙성시켜
  '진장(41쪽 참고)'을 만든 후 활용할 것을 권합니다.

* 간장, 고추장, 된장으로 표기된 것은 직접 만든 것을 사용하거나,
  재래식으로 만든 시판 제품을 사용하세요.

* 고추장, 된장, 물엿 등 되직해서 계량도구(컵, 큰술 등)로 측정하기
  어려운 재료는 무게를 함께 안내했으니 참고하세요.

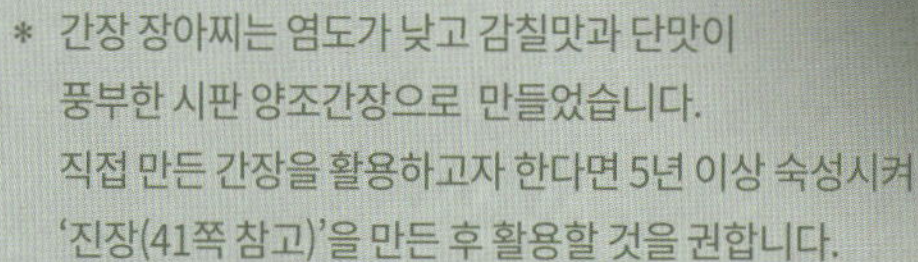

장아찌 기본 비법

절이거나 삭혀서 부드럽게 만들기

단단하거나 섬유질이 많은 재료는 그대로 장아찌를 담그면
간이 잘 스며들지 않습니다. 소금이나 설탕에 절이거나 삭혀두면 수분이 빠지면서
조직이 연해져 양념이 고르게 배고, 숙성 후에도 질기지 않습니다.

식촛물, 물엿에 담가두기

아리거나 떫은맛이 있는 재료는 식촛물이나 물엿(또는 올리고당)에 담가두면
나쁜 맛을 잡으면서 재료 본연의 향을 살릴 수 있습니다.

간장 장아찌 양념 여러 번 끓여 붓기

재료의 크기나 굵기, 조직의 밀도에 따라 1차로 담근 장아찌의
양념을 따라내 다시 끓인 후 한 김 식혀 붓는 과정을 반복하기도 합니다. 이때 하루 간격으로 진행하되,
재료에 색이 배어든 정도나 간을 보고 반복할지, 멈출지를 결정하면 됩니다.

재료가 양념에 잠기도록 무거운 도구로 누르기

양념이 물처럼 묽은 경우, 재료가 양념 밖으로 떠오르면 공기와 닿아 쉽게 변질될 수 있습니다.
넓은 접시나 깨끗이 소독한 누름돌 등으로 재료가 양념에 완전히 잠기도록 눌러
장아찌가 잘 숙성되고 색과 맛이 고르게 배어들게 하세요.

- 장아찌를 만들기 전 완성량을 고려해 적절한 크기의 용기를 준비하세요.
- 실온 숙성 시 밀폐 용기에 담아 직사광선이 들지 않는 서늘한 곳에 두세요.
- 안내한 숙성 기간을 거친 장아찌는 바로 먹어도 좋습니다.

모둠 버섯 간장 장아찌

Tip
버섯 불린 물, 북어육수로
깊은 맛 더하기
표고버섯 불린 물과 북어육수를 함께
사용하면 양념에 깊은 감칠맛이 더해져
한층 풍부한 맛의 장아찌가 된다.

- 추천 시기_일년 내내
- 완성량_2ℓ
- 조리 시간_1시간(+ 레몬 우리기 2시간, 양념 다시 끓여 붓기 3~4일)
- 숙성 기간_냉장 5일
- 보관 기간_냉장 3개월

- 건표고버섯 8~10개(30g)
- 새송이버섯 4개(300g)
- 느타리버섯 4줌(200g)
- 양송이버섯 10개(200g)
- 물 5컵(1ℓ)
- 소금 약간

장아찌 양념
- 북어육수 5컵(1ℓ)
- 버섯 불린 물 2컵
- 양조간장 1컵
- 청주 1/2컵
- 멸치액젓 4큰술
  (또는 까나리액젓)
- 황설탕 4큰술
  (40g, 또는 일반 설탕)
- 올리고당 4큰술(60g)
- 생강즙 1큰술
- 통후추 1큰술
- 건고추 4개
- 레몬 슬라이스 1개 분량(100g)

북어육수
- 북어 1마리(또는 북어 머리, 황태)
- 다시마 1장(10×10cm, 8g)
- 물 8컵(1.6ℓ)

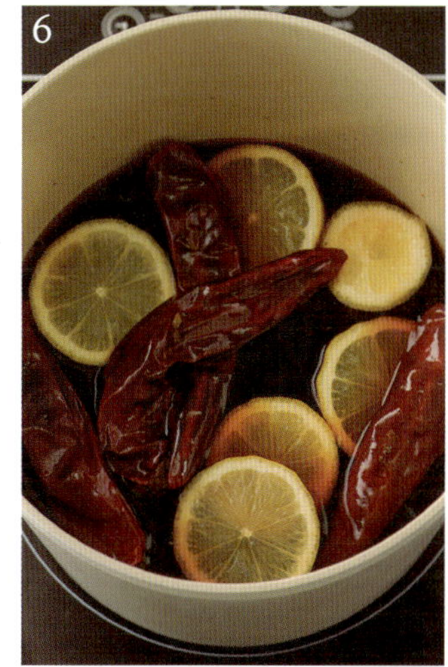

1   냄비에 북어육수 재료를 넣고 중간 불에서 15~20분간 끓인 후 걸러낸다.

2   물(5컵)에 건표고버섯을 넣어 30분 이상 불린다.
   … 버섯 불린 물은 버리지 말고 2컵 따로 담아둔다.

3   ②의 불린 표고버섯과 다른 버섯들은 먹기 좋은 크기로 썬다.

4   다른 냄비에 넉넉한 양의 물, 소금(약간)을 넣고 끓인 후 새송이, 느타리,
양송이버섯을 넣어 5분간 데치고, 체에 밭쳐 물기를 제거한다.

5   다른 냄비에 레몬 슬라이스를 제외한 장아찌 양념 재료를 모두 넣고 10분간
끓인 후 한 김 식힌다.
   … 올리고당만으로는 단맛이 부족해 설탕을 함께 사용한다.

6   레몬 슬라이스를 넣고 2시간 향을 우린 후 레몬을 건져낸다.
센 불에 3분간 끓인 후 한 김 식힌다.

7   용기에 모든 버섯을 넣고 ⑥의 장아찌 양념을 부은 후 무거운 것으로 눌러둔다.

8   다음 날 다시 장아찌 양념만 따라내 센 불에 팔팔 끓인 후 한 김 식혀 버섯에
붓는다. 이 과정을 3~4일간 반복한 후 완전히 식혀 5일간 냉장 숙성시킨다.
   … 장아찌 양념을 끓여 다시 붓는 과정은 버섯에 양념 색이 적당히 밸 때까지 반복한다.

명이 간장
장아찌

- ✔ 추천 시기_4~5월
- ✔ 완성량_2ℓ
- ✔ 조리 시간_20분
  (+삭히기 7일)
- ✔ 숙성 기간_냉장 15일
- ✔ 보관 기간_냉장 6개월

- 명이잎 1kg

절임용 소금물
- 물 5컵(1ℓ)
- 소금 2/3컵(100g)

장아찌 양념
- 양조간장 1/2컵
- 식초 1컵
- 설탕 1/2컵(75g)
- 매실청 1/2컵
- 물 1.5컵

Tip
소금물에 삭히기
명이잎을 소금물에 삭히면
두껍고 질긴 잎줄기가 숨이 죽고
부드러워지며, 장아찌 양념에
담갔을 때 맛이 잘 배어들어
더 맛있는 장아찌가 완성된다.

1 용기에 절임용 소금물 재료를 넣고 소금을 잘 녹인다.
  명이잎을 담가 1주일간 실온에서 삭힌다.

2 냄비에 장아찌 양념 재료를 모두 넣고 중간 불에서 3~5분간 끓여 식힌다.

3 ①의 절인 명이잎을 체에 밭쳐 물기를 빼고, 용기에 차곡차곡 채운다.

4 ②의 장아찌 양념을 붓고 잎이 뜨지 않게 무거운 것으로 누른 후
  15일간 냉장 숙성시킨다.

곰취 간장
장아찌

- ✔ 추천 시기_5~7월
- ✔ 완성량_1ℓ
- ✔ 조리 시간_1시간
  (＋양념 다시 끓여 붓기 1일)
- ✔ 숙성 기간_냉장 5일
- ✔ 보관 기간_냉장 6개월

- 곰취 20장(350g)
- 건표고버섯 5개(15g)
- 물 3~4컵

장아찌 양념
- 다시마 2.5장
  (10×10cm, 20g)
- 양조간장 1.5컵
- 버섯 불린 물 2컵

Tip
완성된 장아찌에 양념 더하기
곰취 장아찌를 조청(약간)과
다진 마늘에 버무려 먹으면 맛과
향이 한층 고급스러워진다.
함께 절인 표고버섯은 채 썰어
참기름, 통깨로 양념해 곁들인다.

1 물(3~4컵)에 건표고버섯을 넣어 30분 이상 불린다.
   … 버섯 불린 물은 버리지 말고 2컵 따로 담아둔다.

2 냄비에 ①의 불린 표고버섯과 장아찌 양념 재료를 넣고 센 불로
  가열한다. 끓기 시작하면 약한 불로 줄여 10분간 끓인다.

3 용기에 곰취를 담고 ②의 장아찌 양념을 한 김 식혀 붓는다. 장아찌
  양념의 다시마를 윗면에 덮고 무거운 것으로 눌러둔다.
   … 반나절마다 뒤집어 양념이 고루 배게 한다.

4 다음 날 다시 장아찌 양념만 따라내 센 불에 팔팔 끓인 후 한 김 식혀
  곰취에 붓고, 완전히 식혀 5일간 냉장 숙성시킨다.

깻잎 간장
장아찌

- ✔ 추천 시기_6~9월
- ✔ 완성량_1.5ℓ
- ✔ 조리 시간_40분
- ✔ 숙성 기간_냉장 3일
- ✔ 보관 기간_냉장 6개월

- 깻잎 200장(400g)

장아찌 양념
- 멸치 다시마육수 3컵
- 양조간장 1.5컵
- 설탕 약 1/4컵(40g)

◉ **멸치 다시마육수**
- 물 4컵
- 구운 국물용 멸치 10마리(10g)
- 다시마 2.5장
  (5×5cm, 5g)
- 양파 1/8개(25g)
- 건고추 1개
- 마늘 3쪽(15g)

Tip
국물용 멸치 노릇하게 굽기
멸치 다시마육수의 맛이 간장 깻잎
장아찌의 완성도를 좌우한다.
비린맛이 우러나지 않도록 멸치를
마른 팬에 넣고 약한 불에 노릇하게
볶아 사용한다.

1 냄비에 멸치 다시마육수 재료를 모두 넣고 중간 불에서 15분간 끓인 후
  체에 거른다.

2 다른 냄비에 장아찌 양념 재료를 모두 넣고 중간 불에서 3~5분간 끓여
  식힌다.

3 ②의 장아찌 양념에 깻잎을 4~5장씩 쥐고 적셔 용기에 켜켜이 담는다.
  모두 담은 후 남은 장아찌 양념을 붓고 깻잎이 뜨지 않도록
  무거운 것으로 눌러 3일간 냉장 숙성시킨다.

깻잎 양념
장아찌

- 추천 시기_6~9월
- 완성량_600㎖
- 조리 시간_40분(+절이기 1시간)
- 숙성 기간_냉장 1일
- 보관 기간_냉장 6개월

- 깻잎 200장(400g)

밑양념
- 간장 1/2컵
- 액젓 3큰술(멸치 또는 까나리액젓)
- 생강술 1큰술
- 다진 마늘 1큰술

장아찌 양념
- 생밤 채 썬 것 5개 분량(50g)
- 조림간장 5큰술(또는 양조간장)
  ＊ 만들기 52쪽
- 올리고당 1큰술(15g, 또는 물엿)
- 고춧가루 3큰술
- 통깨 2큰술
- 다진 마늘 1큰술
- 다진 생강 1작은술
- 찹쌀가루 1큰술
- 물 4큰술

Tip
밑양념에 절이기
장아찌 양념을 묻히기 전,
밑양념에 한 번 절이는 과정을 거치면
깻잎의 숨이 죽고 밑간이 되어 양념의
감칠맛이 더 고르게 배어든다.

1 볼에 밑양념 재료를 넣고 섞은 후 깻잎을 4~5장씩 쥐고 적셔 용기에 켜켜이 담는다. 남은 밑양념을 모두 붓고 무거운 것으로 눌러 냉장고에 넣고 1시간 절인다.

… 생강술이 없으면 생강즙과 청주를 1:2 비율로 섞어 사용한다.

2 냄비에 장아찌 양념의 찹쌀가루, 물을 넣고 약한 불에서 저어가며 끓여 찹쌀풀을 쑨다.

3 찹쌀풀이 따뜻할 정도로 식으면 장아찌 양념 재료를 모두 넣고 섞는다.

… 양조간장을 사용할 경우 물엿을 1큰술 더 넣는다(총 2큰술).

4 ①의 깻잎을 꼭 짜서 ③의 장아찌 양념을 2~3장마다 한 번씩 발라 용기에 켜켜이 쌓은 후 1일 냉장 숙성시킨다.

당귀잎 간장
장아찌

- 추천 시기_4~5월
- 완성량_1ℓ
- 조리 시간_40분
  (+ 양념 다시 끓여 붓기 3일)
- 숙성 기간_냉장 3일
- 냉장 6개월

- 당귀잎 300g

  장아찌 양념
- 건표고버섯 3개(9g)
- 다시마 1장(10×10cm, 8g)
- 양조간장 1컵
- 물 1컵
- 식초 2/3컵
- 매실청 1/3컵
- 설탕 약 1/4컵(40g)

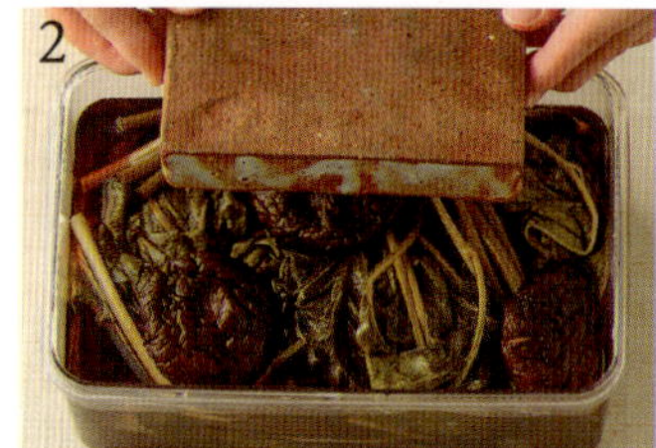

Tip

**표고버섯, 다시마로 감칠맛
더하기**

당귀잎의 진한 약초 향과 쌉쌀한
맛에 표고버섯, 다시마를
더하면 맛이 한층 균형 잡히고
부드러워진다.

1 냄비에 건표고버섯, 다시마, 양조간장, 물을 넣고 센 불에서 가열한다.
  끓기 시작하면 식초, 매실청, 설탕을 넣고 약한 불로 줄여 20분간 더 끓인다.

2 용기에 당귀잎을 넣고 ①의 장아찌 양념을 한 김 식혀 부은 후
  무거운 것으로 눌러 하루 냉장 보관한다.

  … 반나절마다 뒤집어 양념이 고루 배게 한다.

3 다음 날 장아찌 양념만 따라내 센 불에 팔팔 끓이고 한 김 식힌 후
  당귀잎에 붓고 냉장 보관한다. 이 과정을 3일간 한 번씩 반복한 후
  3일간 냉장 숙성시킨다.

  … 장아찌 양념을 끓여 다시 붓는 과정은 당귀에 양념 색이 적당히 밸 때까지 반복한다.

  … 양념의 표고버섯은 채 썰어 함께 내놓아도 좋다.

더덕 간장
장아찌

- 추천 시기_9~11월
- 완성량_2ℓ
- 조리 시간_20분
  (+양념 다시 끓여 붓기 2~3일)
- 숙성 기간_냉장 7일
- 보관 기간_냉장 6개월

- 더덕 1kg
- 청양고추 2개
- 소금 1/2큰술

장아찌 양념
- 양조간장 1컵
- 물 1컵
- 설탕 약 1/4컵(40g)
- 매실청 1/4컵
- 식초 1/3컵

더덕 소금물에 데치기
더덕을 소금물에 살짝 데치면
특유의 아린 맛이 덜해져 누구나
맛있게 즐길 수 있다.

1 더덕은 껍질을 벗겨 0.3cm 두께로 어슷 썰고, 청양고추는 1cm 두께로
  송송 썬다.

2 끓는 물에 소금을 넣고 ①의 더덕을 살짝 데친 후 체에 밭쳐 물기를 뺀다.

3 냄비에 식초를 제외한 장아찌 양념 재료를 모두 넣고 센 불에서
  팔팔 끓인 후 마지막에 식초를 넣고 불을 끈다.

4 용기에 ①의 청양고추, ②의 더덕을 담고, 장아찌 양념을 부은 후
  무거운 것으로 눌러 냉장 보관한다.

5 다음 날 장아찌 양념을 따라내 다시 끓여 붓는다. 이 과정을 2~3일간
  반복한 후 완전히 식혀 7일간 냉장 숙성시킨다.

… 장아찌 양념을 끓여 다시 붓는 과정은 더덕에 양념 색이 적당히 밸 때까지 반복한다.

토마토 간장
장아찌

- 추천 시기_6~8월
- 완성량_2.5ℓ
- 조리 시간_20분
  (+절이기 7일,
  양념 다시 끓여 붓기 1일)
- 숙성 기간_냉장 3일
- 보관 기간_냉장 3개월

- 토마토 10개(1.5kg)
- 황설탕 1/2컵
  (75g, 또는 비정제설탕)

장아찌 양념
- 간장 1/2컵
- 물 2컵
- 매실청 1/2컵

Tip
**양조간장이 아닌
직접 만든 간장이나
재래 간장 쓰기**

토마토는 수분이 많아 절임
과정에서 장아찌 국물이 묽어질
수 있다. 염도가 높은 간장을
사용해야 적당한 간을 유지하면서
맛이 옅어지지 않는다.

1 토마토는 꼭지를 떼고 8등분한 후 질긴 심 부분을 잘라낸다.
　… 토마토는 단단하고 맛이 진한 대저토마토를 추천한다.

2 볼에 토마토를 넣고 황설탕을 뿌린 후 버무려 1~2시간 절인다.
　… 절일 때 나온 수분은 버리지 않고 그대로 사용한다.

3 냄비에 간장, 물(2컵), 매실청을 넣고 센 불에서 끓인다.
　팔팔 끓어오르면 한 김 식힌 후 ②에 붓는다.

4 뜨지 않도록 무거운 것으로 누르고 뚜껑을 덮어 하룻밤 그대로 둔다.
　다음 날 장아찌 양념만 따라내 센 불에 팔팔 끓인 후 한 김 식혀 붓는다.
　완전히 식혀 3일간 냉장 숙성시킨다.

참외 간장
장아찌

- 추천 시기_6~8월
- 완성량_2ℓ
- 조리 시간_20분
  (+절이기 1일,
  양념 다시 끓여 붓기 2~3일)
- 숙성 기간_냉장 7일
- 보관 기간_냉장 6개월

- 참외 10개(2kg)
- 설탕 6.5컵(1kg)
- 소금 100g

장아찌 양념
- 참외 절인 물 4컵
- 양조간장 1컵
- 송송 썬 청양고추 3개 분량(30g)
- 통후추 2큰술
- 식초 1컵

Tip
참외 절인 물 사용하기

설탕, 소금으로 참외를 절이면
참외 속 수분이 빠져나와
꽤 많은 양의 물이 생긴다. 이 물을
버리지 않고 장아찌 양념에 섞으면
참외의 향과 달콤함이 더해진
장아찌를 만들 수 있다.

1 참외를 반으로 잘라 씨를 긁어낸 후 설탕, 소금을 섞어 채우고
  하룻밤 절인다.

  … 절인 후 나온 물 4컵은 장아찌 양념으로 사용하고, 나머지는 따라 버린다.

2 냄비에 ①의 참외 절인 물(4컵), 간장, 청양고추, 통후추를 넣고
  센 불에서 끓인다. 팔팔 끓어오르면 한 김 식혀 식초를 섞은 후
  ①의 참외에 붓는다.

3 뜨지 않도록 무거운 것으로 누르고 뚜껑을 덮어 하룻밤 그대로 둔다. 다음 날
  장아찌 양념만 따라내 센 불에 팔팔 끓인 후 한 김 식혀 참외에 붓는다.
  이 과정을 2~3일간 반복한 후 완전히 식혀 7일간 냉장 숙성시킨다.

  … 장아찌 양념을 끓여 다시 붓는 과정은 참외에 양념 색이 적당히 밸 때까지 반복한다.

마늘 간장
장아찌

- 추천 시기_5~6월
- 완성량_3ℓ
- 조리 시간_20분
  (+ 삭히기 10일,
  양념 다시 끓여 붓기 2~3일)
- 숙성 기간_냉장 7일
- 보관 기간_냉장 6개월

- 통마늘 30개(2kg)
- 물 15컵(3ℓ)
- 식초 3컵
- 설탕 2컵(300g)

장아찌 양념
- 양조간장 1컵
- 마늘 삭힌 식초물 4컵

Tip
마늘 충분히 삭히기
마늘은 조직이 단단해 바로 양념을
부으면 속까지 간이 잘 배지
않는다. 식초물에 열흘간 충분히
삭혀야 양념이 고르게 스며든다.

1 통마늘을 한 쪽씩 갈라 껍질 한두 겹만 남기고 벗겨낸 후 깨끗이 씻는다.

  … 마늘 껍질을 완전히 벗기면 삭히면서 아삭한 식감이 떨어질 수 있다.

2 용기에 물(15컵), 식초, 설탕을 넣고 섞는다. 설탕이 다 녹으면 마늘을 넣고
  열흘간 삭힌다.

  … 삭힌 후 나온 식초물 4컵은 장아찌 양념으로 사용하고, 나머지는 따라 버린다.

3 냄비에 장아찌 양념 재료를 넣고 센 불에서 팔팔 끓인 후 한 김 식혀 마늘에
  붓는다.

4 다음 날 장아찌 양념만 따라내 센 불에 팔팔 끓인 후 한 김 식혀 붓는다.
  이 과정을 2~3일간 반복한 후 완전히 식혀 7일간 냉장 숙성시킨다.

  … 장아찌 양념을 끓여 다시 붓는 과정은 마늘에 양념 색이 적당히 밸 때까지 반복한다.

양파 간장
장아찌

- 추천 시기_5~6월
- 완성량_2.5ℓ 분량
- 조리 시간_40분
  (+매운맛 빼기 1일,
  양념 다시 끓여 붓기 2~3일)
- 숙성 기간_실온 2일, 냉장 10일
- 보관 기간_냉장 6개월

- 양파 8~10개(작은 것, 1kg)
- 물 3컵
- 식초 3컵
- 소금 2큰술

장아찌 양념
- 양조간장 2컵
- 물 2컵
- 설탕 1컵(150g)
- 건고추 1개
- 생강편 6톨 분량(마늘 크기, 30g)
- 식초 1.5컵

식촛물에 담가 매운맛 없애기
양파를 절이기 전 식촛물에 하루
담가두면 매운맛이 빠지고 아삭한
식감이 살아난다.

1 용기에 물(3컵), 식초(3컵), 소금을 넣고 소금이 다 녹도록 섞는다. 양파를
하룻동안 담가두어 매운맛을 제거한 후 건져둔다.

2 냄비에 식초를 제외한 장아찌 양념 재료를 모두 넣고 센 불에서 팔팔
끓인다. 한 김 식으면 식초(1.5컵)를 넣고 섞는다.

3 ①의 양파에 ②의 장아찌 양념을 붓는다. 양파가 떠오르지 않도록 무거운
것으로 눌러 실온에 둔다.

4 2~3일 후 장아찌 양념을 따라내 센 불에 팔팔 끓인 후 한 김 식혀 붓는다.
이 과정을 2~3일간 반복한 후 완전히 식혀 10일간 냉장 숙성시킨다.

… 장아찌 양념을 끓여 다시 붓는 과정은 양파에 양념 색이 적당히 밸 때까지 반복한다.

다시마 간장
장아찌

- 추천 시기_일년 내내
- 완성량_1ℓ
- 조리 시간_20분
- 숙성 기간_냉장 5일
- 보관 기간_냉장 6개월

- 염장 다시마 500g

장아찌 양념
- 양조간장 1컵
- 설탕 1/2컵(75g)
- 식초 1/2컵
- 매실청 1/4컵
- 청양고추 3개(30g)

Tip
데친 다시마 얼음물에 식히기
다시마는 데친 뒤 그대로 두면 색이 누렇고 탁하게 변할 수 있는데, 얼음물에 빠르게 식히면 선명한 초록빛을 그대로 유지해 더 먹음직스러운 색의 장아찌가 된다.

1   염장 다시마는 맑은 물에 여러 번 헹군 후 20~30분간 물에 담가 소금기를 제거한다.

2   끓는 물에 살짝 데치고 얼음물에 바로 넣어 식힌다. 체에 밭쳐 물기를 빼고 6×6cm 크기로 자른다.

3   냄비에 청양고추를 제외한 장아찌 양념 재료를 넣고 잘 섞는다. 청양고추를 넣어 중강 불에서 5분간 끓인다.

4   용기에 다시마를 차곡차곡 담고, ③의 장아찌 양념을 한 김 식혀 붓는다. 다시마가 뜨지 않도록 무거운 것으로 누르고 완전히 식혀 5일간 냉장 숙성시킨다.

김 간장
장아찌

- ✓ 추천 시기_일년 내내
- ✓ 완성량_500㎖
- ✓ 조리 시간_40분
- ✓ 숙성 기간_냉장 3일
- ✓ 보관 기간_냉장 6개월

- 두꺼운 김밥용 김 50장

장아찌 양념
- 멸치 다시마육수 4컵
- 양조간장 1컵
- 올리고당 1컵
- 황설탕 1큰술(또는 비정제설탕)
- 청주 1/2컵
- 고추장 1/2큰술
- 생밤 채 썬 것 20개 분량(200g)
- 실고추 약간
- 통깨 1큰술

● 멸치 다시마육수
- 물 6컵(1.2ℓ)
- 구운 국물용 멸치 20마리(20g)
- 다시마 1장(10×10cm, 8g)
- 양파 1/4개(50g)
- 건고추 1개
- 마늘 6쪽(30g)

Tip
양념을 충분히 조리기
김은 물이 닿으면 녹는 성질이 있어, 장아찌 양념을 윤기가 나게 조려서 사용해야 식감이 좋은 김 장아찌를 만들 수 있다.

1 냄비에 멸치 다시마육수 재료를 모두 넣고 센 불에서 10분간 끓인 후 체에 거른다.

2 김은 16등분한다.

3 냄비에 장아찌 양념 재료의 멸치 다시마육수, 양조간장, 올리고당, 황설탕, 청주를 넣고 중간 불에서 끓인다.

4 양념이 졸아 2/3 분량 정도 남고 윤기가 나면 고추장을 넣고 약한 불로 줄인다. 생밤 채 썬 것, 실고추, 통깨를 넣어 섞고 끓어오르면 불을 끈다.

5 ④의 장아찌 양념을 한 김 식힌 후 김을 3~4장씩 쥐고 양념을 적신다. 용기에 켜켜이 담아 3일간 냉장 숙성시킨다.

무채 간장 장아찌

Tip

완성된 장아찌에 양념 더하기

짠맛이 강한 장아찌에 참기름, 들기름, 식초(약간), 조청,
통깨를 넣고 버무리면 감칠맛이 한층 더해진다.

- 추천 시기_10월~3월
- 완성량_2.5ℓ
- 조리 시간_1시간(＋무 절이기 2시간 30분, 양념 다시 끓여 붓기 3일)
- 보관 기간_냉장 6개월

- 무 1개(2kg)
- 소금 1큰술
- 물엿 1컵(200g, 또는 올리고당)

장아찌 양념
- 다시마채수 3컵
- 양조간장 1컵
- 설탕 1/2컵(75g)

● **다시마채수**
- 물 4컵
- 다시마 3장(5×5cm, 6g)
- 마늘편 7쪽 분량(35g)
- 생강편 3톨 분량
  (마늘 크기, 15g)
- 건고추 1개

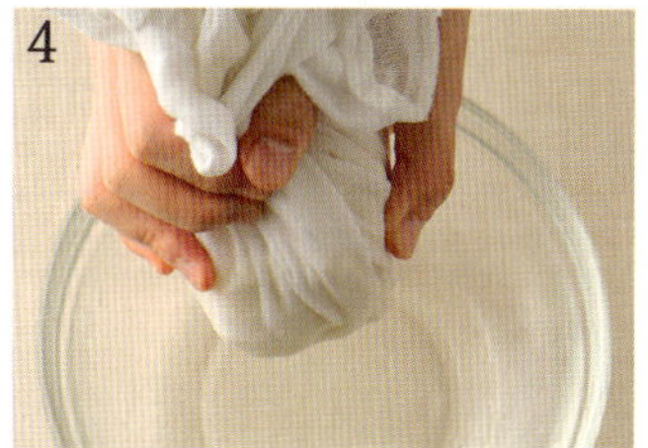

1   냄비에 다시마채수 재료를 모두 넣고 중간 불에서 20분간 끓인 후
    식힌다.

2   무는 껍질을 벗기고 7cm 길이로 굵게 채 썬다.

3   무채에 소금을 뿌려 30분간 절인 후 물엿을 넣고 버무려 2시간 재워둔다.

4   ③의 절인 무채를 면포로 감싸 물기를 꼭 짠다.

5   ①의 다시마채수에 양조간장, 설탕을 넣고 녹인다.

6   용기에 ④의 무채를 담고 ⑤의 장아찌 양념을 부은 후 무가 떠오르지
    않도록 무거운 것을 올려 실온에 둔다.

7   다음 날 다시 장아찌 양념만 따라내 센 불에 팔팔 끓여 한 김 식힌 후
    무채에 붓고 실온에 둔다. 이 과정을 3일간 한 번씩 반복한 후
    냉장 보관한다.

셀러리 간장
장아찌

- 추천 시기_4~6월, 9~11월
- 완성량_2.5ℓ
- 조리 시간_1시간
  (+ 양념 다시 끓여 붓기 1일)
- 보관 기간_냉장 6개월

- 손질한 셀러리 줄기 600g
- 양파 1개(200g)
- 청양고추 3개(30g)
- 풋고추 5개(50g)
- 홍고추 5개(50g)
- 마늘편 10쪽 분량(50g)

장아찌 양념
- 양조간장 2컵
- 식초 3컵
- 설탕 3컵(450g)
- 소금 3큰술

Tip
셀러리 섬유질 제거하기

셀러리 잎쪽을 꺾어 표면의 질긴
섬유질을 벗겨내면 부드럽고
아삭한 식감의 장아찌를
맛볼 수 있다.

1 셀러리는 어슷 썰고, 양파는 8등분한다. 청양고추, 풋고추, 홍고추는
   어슷 썰어 씨를 털어낸다.

2 볼에 장아찌 양념 재료를 넣고 섞어 설탕을 모두 녹인다.

3 용기에 ①의 채소들, ②의 장아찌 양념을 넣고 하룻동안 실온에 둔다.

4 다음 날 장아찌 양념만 따라내 센 불에 팔팔 끓인 후 식혀서 다시 붓는다.
   완전히 식으면 냉장 보관한다.

전복 간장
장아찌

- 추천 시기_일년 내내
- 완성량_1.5ℓ
- 조리 시간_1시간
- 숙성 기간_냉장 3일
- 보관 기간_냉동 1달

- 전복 10마리(1kg)
- 소주 2컵(또는 청주)
- 대파 2대(60g)
- 풋고추 3개(30g)
- 홍고추 3개(30g)
- 마늘편 10쪽 분량(50g)

장아찌 양념
- 채수 1.5컵
- 양조간장 1.5컵
- 맛술 2/3컵

채수
- 물 2컵
- 다시마 1장(10×10cm, 8g)
- 대파 1/2대(15g)
- 양파 1/2개(100g)
- 사과 1/2개(100g)

Tip
냉동으로 오래 즐기기
한 번 먹을 만큼씩 나눠 담아
냉동하면 더 오래 즐길 수 있다.

1 채수 재료의 양파, 사과를 채 썬다. 냄비에 채수 재료를 모두 넣고 중간 불에서 20분간 끓인다.

2 전복은 껍데기째로 솔로 깨끗이 세척한다.

3 냄비에 물을 끓인 후 소주를 넣고 찜기를 올린다. 찜기에 대파(2대)를 깔고 전복을 올려 10분간 찐다.

4 전복 껍데기를 벗기고 내장과 이빨을 제거한다. 풋고추, 홍고추를 얇게 썬다.

5 용기에 장아찌 양념 재료를 모두 넣고 섞은 후 ④의 전복, 풋고추, 홍고추, 마늘편을 담는다. 무거운 것으로 눌러 두고 3일간 냉장 숙성시킨다.

6 장아찌 양념만 따라내 센 불에 팔팔 끓여 한 김 식혀 다시 붓고 냉장 보관한다.

매실 고추장
장아찌

Tip
끓인 소금물, 청주에 2차 세척하기
청매실은 소금물에 데친 후 청주에 잠시
담갔다 절이면 떫은맛이 사라지고
장기간 보관하기 좋다.

곶감 고추장
장아찌

Tip
감말랭이 사용하기
꾸덕하게 말라 수분이 적고 단맛이 농축된
감말랭이로 장아찌를 만들면 양념에
물러지거나 맛이 희석되지 않아 적합하다.

매실 고추장 장아찌

- 추천 시기_6월
- 완성량_3ℓ
- 조리 시간_1시간(+절이기 1개월)
- 숙성 기간_실온 7일
- 보관 기간_냉장 6개월

- 청매실 4kg
- 청주 적당량
- 설탕 3kg

장아찌 양념
- 고추장 2컵(440g)
- 매실청 1/2컵
- 맛간장 2큰술(또는 양조간장)
  ✱ 만들기 52쪽

1 큰 냄비에 넉넉한 양의 물, 소금을 넣고 끓여 청매실을 1분간 데친다. 청주에 잠시 담갔다 바로 건져서 체에 밭친다.

2 물기를 말린 청매실은 살만 발라내고 설탕에 버무려 실온에 1달 절인다.

3 장아찌 양념 재료를 잘 섞는다.

4 ②의 매실을 체에 밭쳐 물기를 제거한다. 장아찌 양념에 버무려 실온에서 일주일 숙성한 후 냉장 보관한다.

… 걸러낸 매실청은 열탕 소독한 병에 담아 냉장 보관 후 요리에 활용한다.

곶감 고추장 장아찌

- 추천 시기_일년 내내
- 완성량_1ℓ
- 조리 시간_20분
- 숙성 기간_실온 1일
- 보관 기간_냉장 6개월

- 감말랭이 300g

장아찌 양념
- 고추장 1컵(220g)
- 조청 1/4컵

1 용기에 장아찌 양념 재료를 넣어 섞는다.

2 양념에 감말랭이를 넣고 버무린다. 실온에서 하루 숙성한 후 냉장 보관한다.

오이 고추장 장아찌

Tip

오이 절인 물 사용하기

오이의 향과 단맛이 녹아 있는 절인 물을 양념에 섞으면
시원한 맛과 풍미가 더 살아난다.

도라지 고추장 장아찌

Tip

완성된 장아찌에 양념 더하기

도라지에 묻은 고추장 양념을 훑어내고 참기름, 통깨 간 것을 버무려 먹으면 고소함이 더해져 한층 더 맛있게 즐길 수 있다.

도라지 고추장 장아찌

- 추천 시기_9~4월
- 완성량_1.5ℓ
- 조리 시간_1시간(+절이기 3일)
- 숙성 기간_냉장 1개월
- 보관 기간_냉장 6개월

- 손질한 도라지 500g
- 소금 1큰술
- 물엿 2.5컵(500g, 또는 올리고당)

장아찌 양념
- 고추장 2와 1/4컵(500g)
- 매실주 1/2컵

1 볼에 넉넉한 양의 물, 소금을 넣고 도라지를 1시간 담가둔 후 체에 밭쳐 물기를 제거한다.

2 도라지는 길게 반 갈라서 방망이로 자근자근 두들겨 부드럽게 만든다.

3 용기에 도라지를 담아 물엿을 붓고 3일간 절인 후 체에 밭쳐 물기를 제거한다.

4 용기에 장아찌 양념 재료를 넣어 섞고 도라지를 넣어 버무린 후 한 달간 냉장 숙성시킨다.

오이 고추장 장아찌

- 추천 시기_6월~8월
- 완성량_2ℓ
- 조리 시간_1시간(+절이기 5시간)
- 숙성 기간_냉장 3일
- 보관 기간_냉장 6개월

- 오이 7개(1.4kg)
- 설탕 200g
- 풋고추 5개(50g)
- 홍고추 3개(30g)

장아찌 양념
- 오이 절인 물 1/2컵
  (또는 조청, 매실청)
- 고추장 1컵(220g)

1 오이는 길게 반 갈라 씨를 긁어내고 한입 크기가 되도록 지그재그로 썬다.

2 풋고추, 홍고추도 어슷 썬다.

3 볼에 오이, 설탕을 넣고 버무려 5시간 이상 절인다.

4 오이는 체에 밭쳐 물기를 빼고, 절인 물은 따로 덜어둔다.

5 냄비에 고추장, ④의 오이 절인 물을 넣고 중간 불에서 한소끔 끓인 후 한 김 식힌다.

6 용기에 ②의 풋고추, 홍고추, ④의 오이, ⑤의 장아찌 양념을 넣고 버무린다. 완전히 식은 후 3일간 냉장 숙성시킨다.

굴비 고추장
장아찌

- 추천 시기_일년 내내
- 완성량_300㎖
- 조리 시간_40분(+말리기 5일)
- 숙성 기간_냉장 1개월
- 보관 기간_냉장 6개월

- 굴비 5마리
- 사과주스 1/2컵

장아찌 양념
- 고운 고춧가루 2큰술
- 고추장 4큰술(60g)
- 조청 2큰술(30g)
- 식초 1큰술

Tip
사과주스에 절이기
말린 굴비를 사과주스에 절이면
비린내가 잡히고 새콤달콤한 맛이
더해지면서 감칠맛이 더해진다.

1 굴비는 지느러미, 아가미를 깨끗이 손질한 후 채반에 올려
   통풍이 잘 되는 곳에 두고 4~5일간 꾸덕하게 말린다.

2 마른 굴비는 손으로 잘게 찢은 후 볼에 넣고 사과주스에 30분간 재운다.

3 용기에 장아찌 양념 재료, ②의 굴비를 넣고 버무린 후
   한 달간 냉장 숙성시킨다.

 … 양념에 식초를 넣으면 굴비의 비린내를 효과적으로 잡을 수 있다.

 … 먹기 직전 통깨와 참기름을 넣고 버무린다.

북어 고추장
장아찌

- 추천 시기_일년 내내
- 완성량_300㎖
- 조리 시간_40분
- 숙성 기간_냉장 3일
- 보관 기간_냉장 6개월

- 북어 200g(또는 황태)
- 사과주스 1/2컵

장아찌 양념
- 고운 고춧가루 2큰술
- 고추장 4큰술(60g)
- 조청 2큰술(30g)

Tip
사과주스에 절이기
북어를 사과주스에 절이면
새콤달콤한 맛이 더해지고
감칠맛이 깊어진다.

1 북어는 먹기 좋은 크기로 찢은 후 볼에 넣고 사과주스에 30분간 재운다.

2 용기에 장아찌 양념 재료, ①의 북어를 넣고 버무린 후
3일간 냉장 숙성시킨다.

… 먹기 직전 통깨와 참기름을 넣고 버무린다.

깻잎 된장 장아찌

Tip

완성된 장아찌에 양념 더하기

된장의 감칠맛과 들기름의 고소한 향을 더해 살짝 쪄서 먹으면
된장의 쿰쿰한 맛과 향이 부드러워진다.

- ✅ 추천 시기_6~9월
- ✅ 완성량_500㎖
- ✅ 조리 시간_40분(+삭히기 2~3일, 소금기 빼기 2~3시간)
- ✅ 숙성 기간_냉장 2개월
- ✅ 보관 기간_냉장 6개월

- 깻잎 150장(300g)
- 물 5컵(1ℓ)
- 소금 2큰술
- 쌀뜨물 10컵(2ℓ, 또는 물)

장아찌 양념
- 된장 1/2컵(110g)
- 매실청 5큰술
- 매실주 2큰술

마무리 양념
- 들기름 약간
- 마늘편 약간

1 용기에 물(5컵), 소금을 넣고 소금이 완전히 녹도록 섞은 후 깻잎을 넣고 실온에서 2~3일 삭힌다.

2 볼에 쌀뜨물을 넣고 ①의 깻잎을 담가 2~3시간 소금기를 뺀 후 살짝 주물러가며 씻어 건진다.

… 쌀뜨물은 깻잎을 삭히면서 생기는 쿰쿰한 냄새를 없애주고, 깻잎을 부드럽게 해준다. 쌀을 1~2번 씻은 물은 버리고, 그 다음 물을 붓고 쌀을 씻은 뿌연 물을 쌀뜨물로 쓴다.

3 볼에 장아찌 양념 재료를 모두 넣고 섞는다.

4 깻잎을 10장씩 쥐고 물기를 꼭 짜낸 후 장아찌 양념에 앞뒤로 적셔 용기에 담는다. 맨 위에 남은 양념을 모두 바르고 2달간 냉장 숙성시킨다.

5 먹을 만큼만 덜어 물에 헹구고 된장 양념을 씻어낸다. 사이사이 들기름을 바르고 마늘편을 얹어 찜기에 3~5분간 쪄서 먹는다.

… 그대로 먹기보다는 장아찌 양념을 걷어내고 마무리 양념을 발라 쪄 먹는 방법을 추천한다.

콩잎 된장
장아찌

- ✔ 추천 시기_6~8월
- ✔ 완성량_500㎖
- ✔ 조리 시간_40분
  (+삭히기 1개월)
- ✔ 숙성 기간_냉장 7일
- ✔ 보관 기간_냉장 6개월

- 콩잎 300g
- 물 1컵
- 된장 1큰술(15g)

장아찌 양념
- 된장 1/2컵(110g)
- 간장 1/4컵
- 멸치액젓 2큰술
- 매실청 4작은술
- 매실주 2작은술
- 다시마물 1/4컵
  ＊ 만들기 53쪽

Tip
부드러운 어린 콩잎 사용하기

6~8월의 콩잎은 잎이 넓고
부드러워 장아찌나 쌈용으로
먹기 좋다. 초가을 이후에는
잎이 질겨지고 향이 강해져
장아찌용으로는 적합하지 않다.

1   용기에 물(1컵), 된장을 넣고 된장이 완전히 녹도록 섞은 후 콩잎을 담가
    냉장에서 한 달간 삭힌다.

2   냄비에 장아찌 양념 재료를 넣고 센 불에서 팔팔 끓인 후 완전히 식힌다.

3   깻잎을 10장씩 쥐고 물기를 꼭 짜낸 후 장아찌 양념에 앞뒤로 적셔
    용기에 담는다. 맨 위에 남은 양념을 모두 바르고 일주일간
    냉장 숙성시킨다.

고추 된장
장아찌

- 추천 시기_6~8월
- 완성량_2ℓ
- 조리 시간_40분
- 숙성 기간_실온 7일
- 보관 기간_냉장 6개월

- 풋고추 1kg

장아찌 양념
- 된장 3컵(660g)
- 멸치액젓 1/2컵
- 조청 1/2컵(100g)
- 매실청 1/3컵
- 매실주 1/2컵
- 고춧가루 약 1/2컵(50g)
- 다진 마늘 1큰술
- 찹쌀가루 6큰술(50g)
- 물 4컵

Tip
꼬치로 찔러 양념 잘 배게 하기
고추는 살이 두꺼워 그냥 담그면
양념이 속까지 잘 스며들지
않는다. 꼬치로 몇 군데 찔러주면
양념이 속까지 골고루 잘 밴다.

1 풋고추는 꼬치로 찔러 군데군데 구멍을 낸다.

2 냄비에 장아찌 양념의 찹쌀가루, 물(4컵)을 넣어 잘 섞어가며
   중간 불에서 끓여 찹쌀풀을 쑨다.

3 ②의 찹쌀풀을 한 김 식혀 볼에 담고 장아찌 양념 재료를 모두 넣어
   섞는다.

4 용기에 ①의 풋고추를 담고 ③의 장아찌 양념을 붓는다.
   실온에서 4일 숙성한 후 위아래를 섞고 다시 3일 더 숙성시키고
   냉장 보관한다.

무 된장
장아찌

- 추천 시기_10~3월
- 완성량_2.5ℓ
- 조리 시간_40분(+무 절이고 말리기 3일, 현미 불리기 4시간)
- 숙성 기간_냉장 1개월
- 보관 기간_냉장 6개월

- 무 3개(2kg)
- 소금 1/3컵(40g)

장아찌 양념
- 된장 1컵(220g)
- 매실청 1/4컵
- 청주 1컵
- 고추 씨 1/2컵 (또는 굵게 썬 건고추)
- 밥 짓기용 물 1컵
- 발아현미 1컵

Tip
양념에 발아현미밥 더하기
발아현미는 일반 현미보다 전분이 잘 분해되어 단맛을 효과적으로 생성한다. 양념에 발아현미밥을 섞으면 된장의 냄새와 무의 쓴맛이 부드러워지고 고소한 맛이 더해진다.

1 무는 10cm 길이로 자르고 길게 4~6등분한 후 소금을 뿌려 3~4시간 절인다.

2 절인 무를 채반에 널어 최대한 물기를 뺀 후 3일간 해가 잘 들고 바람이 통하는 곳에서 꾸덕하게 말린다.

3 발아현미는 넉넉한 양의 물에 담가 4시간 불린 후 물(1컵)을 넣고 밥을 짓는다.

4 볼에 ③의 현미밥과 나머지 장아찌 양념 재료를 넣고 섞는다.

5 ②의 무에 ④의 장아찌 양념을 골고루 발라 용기에 넣고 한 달간 냉장 숙성시킨다.

고사리 된장
장아찌

- 추천 시기_4~5월
- 완성량_2ℓ
- 조리 시간_40분
- 숙성 기간_냉장 3일
- 보관 기간_냉장 3개월

- 생고사리 600g

장아찌 양념
- 된장 3컵(660g)
- 매실청 1.5컵
- 매실주 1/4컵
- 채수 12컵(2.4ℓ, 또는 물)

● 채수
- 물 12와 1/2컵(2.5ℓ)
- 양파 1개(200g)
- 대파 1대(30g)
- 마늘편 6쪽 분량(30g)
- 생강편 2톨 분량
  (마늘 크기, 10g)
- 통후추 2큰술
- 청주 1컵

Tip
양념에 매실청, 매실주 더하기
매실청과 매실주는 고사리의
풋내와 비릿한 향을 줄이고,
산미와 단맛을 더해 장아찌의 맛을
균형 있게 만들어준다.

1 양파, 대파는 굵게 채 썬다. 채수 재료를 모두 냄비에 넣고 중간 불에
10~15분간 끓인 후 체에 걸러 채수를 만든다.

2 냄비에 고사리, 넉넉한 양의 물을 넣고 5분간 삶은 후 물기를 뺀다.
… 마른 고사리를 쓸 경우, 물에 담가 1시간 불린 후 다시 넉넉한 양의 물을 붓고
부드러워질 때까지 약 1시간 삶는다. 삶은 물에 그대로 하룻밤 불려 사용한다.

3 고사리는 7cm 길이로 먹기 좋게 썬다.

4 다른 냄비에 된장, 채수를 넣고 중간 불에서 5~7분간 끓인 후
한 김 식혀 매실청, 매실주를 넣고 완전히 식힌다.

5 용기에 ③의 고사리, ④의 장아찌 양념을 넣고 버무린 후 무거운 것으로
눌러 3일간 냉장 숙성시킨다.

5

장으로 만드는
세계 요리

세계 각국의 메뉴에 장을 더하면
육수 내기, 소스 만들기 등 오랜 시간이
걸리는 조리 과정 없이도 맛의 깊이가
살아나고, 한국인의 입맛에도 한층
친근하게 다가옵니다. 장류의
풍미가 해외의 재료, 조리 방법과
이색적인 조화를 이루게 하는
것이 장 기반 세계 요리의
즐거움입니다. 쉽게 따라 할 수
있는 다양한 세계 요리 레시피를
통해, 장의 활용 폭을 더욱
넓혀보세요.

* 간장, 고추장, 된장으로 표기된 것은 직접 만든 것을
  사용하거나, 재래식으로 만든 시판 제품을 사용하세요.

* 일부 메뉴는 염도가 낮고 감칠맛과 단맛이 풍부한
  시판 양조간장으로 만들었습니다. 직접 만든 간장을
  활용하고자 한다면 5년 이상 숙성시켜 '진장(41쪽 참고)'을
  만든 후 활용할 것을 권합니다.

간장 불고기 양배추피자

간장 양념에 볶은 불고기는 우리나라는 물론 해외에서도 큰 사랑을 받고 있지요. 달달한 양배추 반죽에
고소한 모짜렐라치즈, 짭짤한 불고기를 얹으면 색다르면서도 조화로운 한 끼 메뉴가 완성됩니다.

- 완성량_2~3인분
- 조리 시간_40분

- 소고기 250g(불고기용)
- 양배추 1/2개(200g)
- 양파 1/2개(100g)
- 피망 1개
- 슈레드 모짜렐라치즈 1컵(100g)
- 튀김가루 5큰술
- 달걀 1개
- 소금 1/4작은술
- 후춧가루 약간
- 식용유 약간

불고기 양념
- 양조간장 2큰술
- 설탕 1큰술
- 다진 파 1큰술
- 다진 마늘 1작은술
- 후춧가루 1/8작은술
- 참기름 1/2작은술
- 청주 1작은술

1 볼에 불고기 양념 재료를 넣어 잘 섞은 후 소고기를 넣고 버무린다.

2 양배추, 양파는 곱게 채 썬다. 피망은 씨를 파내고 링 모양으로 얇게 썬다.

3 볼에 튀김가루, 달걀, 소금, 후춧가루를 넣고 섞어 반죽한 후
양배추, 양파를 넣고 섞는다.

4 달군 팬에 식용유를 두르고 양념한 고기를 중간 불에서 볶아 덜어둔다.

5 팬을 닦아 다시 달구고 식용유를 두른 후 ③의 반죽을 넉넉히 얹어
중간 불에서 굽는다.

6 가장자리가 노릇하게 익으면 반죽을 뒤집는다. 약한 불로 줄여
모짜렐라치즈, 불고기, 피망을 올리고 뚜껑을 덮어 5~10분간 치즈가
녹을 때까지 익힌다.

간장 포크캐서롤

캐서롤(Casserole)이란 고기와 채소를 넣고 서서히 가열하여 완성하는 가정식 메뉴를 뜻합니다.
돼지고기를 간장으로 밑간해 잡내를 잡고 향과 간을 더했습니다.

- 완성량_3~4인분
- 조리 시간_1시간

- 돼지고기 400g(등심)
- 양송이버섯 6개(120g)
- 감자 2개(400g)
- 당근 1/2개(100g)
- 다진 대파 1대 분량(3큰술)
- 소금 약간
- 버터 4큰술(또는 식용유)
- 맥주 2컵
- 맛간장 3큰술
  ＊ 만들기 52쪽
- 월계수잎 2장
- 파슬리 가루 2큰술

돼지고기 밑간

- 밀가루 1/3컵
- 짠맛 약간장 2큰술
  (또는 간장)
  ＊ 만들기 59쪽
- 후춧가루 1/8작은술

1 돼지고기는 사방 2.5cm 크기로 썰어 볼에 넣고 밀가루, 짠맛 약간장, 후춧가루를 함께 넣어 밑간한다.

2 양송이, 감자, 당근은 한입 크기로 썬다.

3 ②의 감자, 당근은 끓는 물에 소금을 넣고 살짝 데친다.

4 달군 팬에 버터를 녹이고 다진 대파를 넣어 중약 불에서 향을 내며 볶는다. 돼지고기를 넣고 5분간 볶아 겉면이 갈색으로 익으면 양송이, 감자, 당근, 맥주, 맛간장, 월계수잎을 넣고 약한 불로 줄여 20분간 끓인다.

5 월계수 잎을 건져내고 파슬리 가루를 뿌린다.

간장 치킨케이크

간장과 허브 향이 어우러진 닭 안심 반죽을 구워낸 이색적인 고기 요리, 치킨케이크입니다.
소스를 여러 번 발라가며 구워 윤기가 흐르고 풍미가 깊게 배어 특별한 날 메인 요리로 준비하기 좋습니다.

✔ 완성량_2~3인분

✔ 조리 시간_1시간

- 닭 안심 350g
- 조림간장 1.5큰술
  * 만들기 52쪽
- 설탕 1큰술
- 달걀 1개
- 양파 1/2개
- 빵가루 2큰술
- 밀가루 1큰술
- 식용유 약간

간장소스

- 조림간장 3큰술
  * 만들기 52쪽
- 화이트와인 1/2큰술(또는 청주)
- 올리브오일 1큰술
- 꿀 2큰술
- 설탕 1/2작은술
- 생로즈메리 1/4작은술
- 건조 오레가노 1/4작은술
  (생략 가능)
- 후춧가루 1/8작은술
- 전분물 1큰술

1   푸드 프로세서에 닭 안심, 조림간장, 설탕, 달걀을 넣고 곱게 간다.

2   양파는 굵게 다진다.

3   달군 팬에 식용유를 두르고 ①의 1/2 분량, ②의 양파를 넣고 중간 불에서 볶아 익힌다. 이것을 다시 푸드 프로세서에 남은 ①의 반죽에 넣고 곱게 간다.

    … 익힌 반죽을 섞으면 오븐에 구울 때 속까지 잘 익고, 완성 후 식감이 더 부드럽다.

4   볼에 ③의 반죽, 밀가루, 빵가루를 넣고 섞어 반죽한다.

5   ④의 반죽을 둘로 나눠 오븐팬에 올린다. 각각 럭비공 모양으로 빚은 후 겉면을 포크로 그어 무늬를 낸다.

6   180℃로 예열한 오븐에서 10분간 굽는다.

7   냄비에 간장소스 재료를 모두 넣고 섞은 후 중간 불에서 3분간 끓여 소스를 만든다.

    … 전분물은 감자전분과 물을 1큰술씩 섞어 분량만큼 준비한다.

8   오븐팬을 꺼내 반죽에 ⑦의 소스를 바르고 다시 오븐에 넣어 4~5분간 더 굽는다. 다시 소스를 바르고 4~5분 굽기를 3번 반복한다.

9   치킨케이크는 1cm 두께로 썰고 남은 소스를 곁들인다.

간장 카수엘라

카수엘라(Cazuela)란 스페인어로 작은
냄비나 뚝배기를 뜻하는데,
냄비에 여러 가지 재료를 넣고 끓인
카탈루냐 지역의 가정식 스튜를 부르는
말이기도 합니다. 간장으로 특별한 맛을
더한 카수엘라 레시피를 소개합니다.

☑ 완성량_2~3인분

☑ 조리 시간_40분

- 새우 약 20마리(작은 크기, 200g)
- 새송이버섯 2개(150g)
- 청양고추 1개(10g)
- 마늘 20쪽(100g)
- 버터 1큰술
- 화이트와인 1/4컵
- 올리브오일 1컵
- 맛간장 1.5큰술
  ＊ 만들기 52쪽
- 후춧가루 1/8작은술

1   새송이버섯은 새우와 비슷한 크기로 썰고 청양고추는 다진다.

2   달군 팬에 버터를 녹이고 새우를 중간 불에서 붉은색이 될 때까지
    익힌 후 화이트와인을 붓는다. 1분간 끓여 알코올을 날리고 불을 끈다.

3   달군 팬에 올리브오일, 마늘을 넣고 약한 불에서 마늘을 천천히 굽는다.
    마늘이 갈색으로 익으면 맛간장을 넣는다.

4   ③에 새우와 새송이버섯, 청양고추를 넣고 중간 불에서 2~3분간 볶은 후
    후춧가루를 뿌린다.

간장

간장 연어필라프

간장으로 양념한 연어를 오븐에 굽고
채소, 달걀 등을 더해 다양한 식감과 맛을 더한
별미 볶음밥입니다.

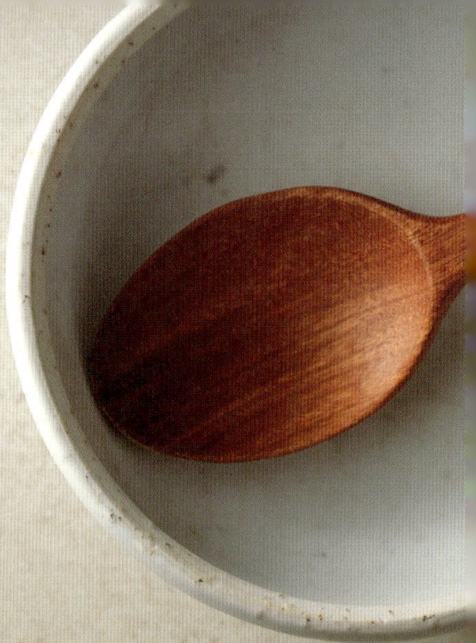

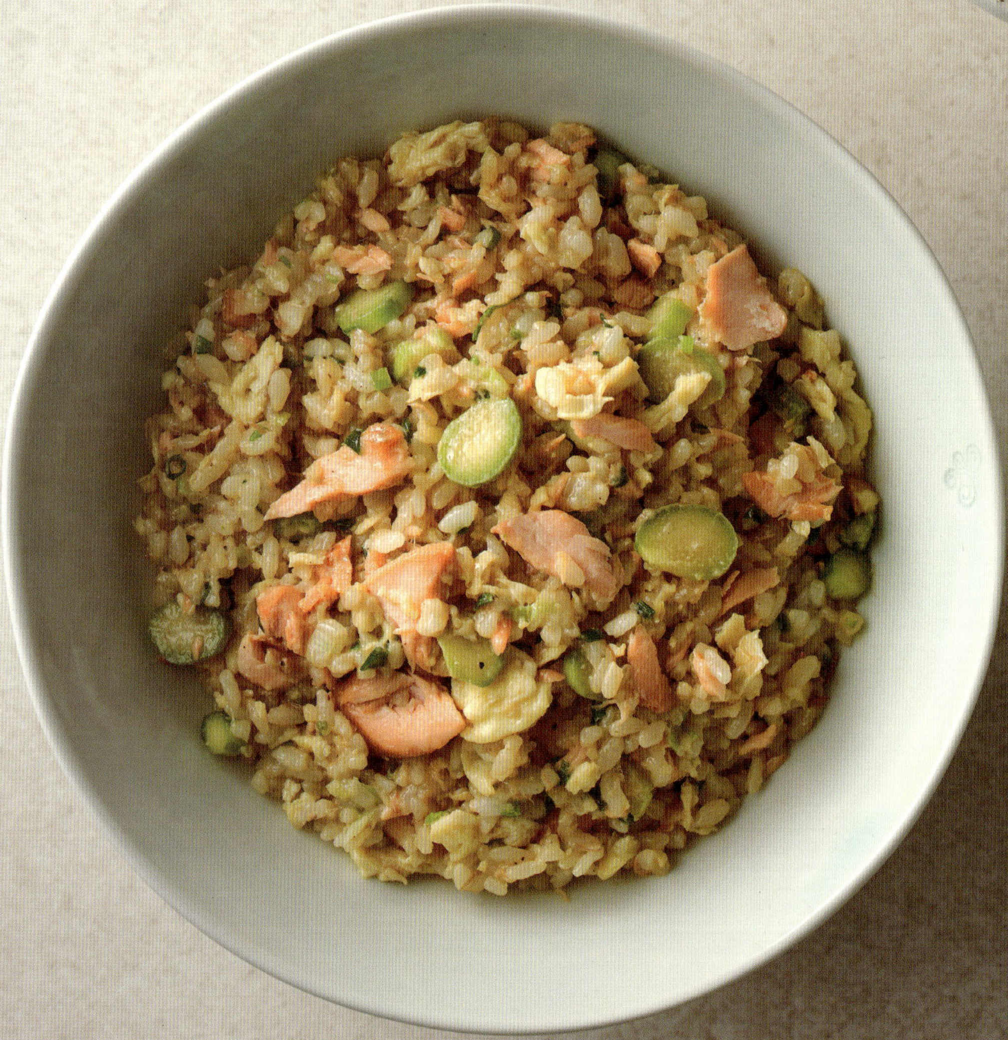

✔ 완성량_2~3인분

✔ 조리 시간_1시간

- 밥 2공기(450g)
- 연어살 150g
- 단맛 간장 2큰술 + 1큰술
  ＊ 만들기 54쪽
- 후춧가루 1/4작은술 + 1/8작은술
- 아스파라거스 3줄기(60g)
- 달걀 3개
- 다진 쪽파 50g
- 참기름 1작은술
- 식용유 3큰술

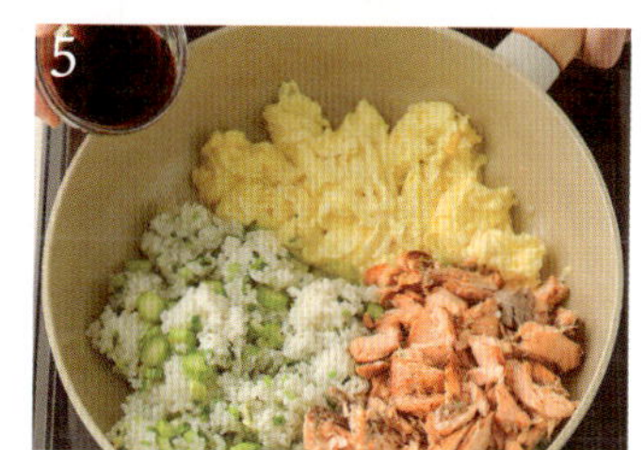

1   볼에 연어살을 넣고 단맛 간장(2큰술), 후춧가루(1/4작은술)로 양념한다.

2   200℃로 예열한 오븐에 ①의 연어를 넣고 15분 구운 후 식혀서 굵직하게
    부순다.
    … 식용유를 살짝 두른 팬에 구워도 좋다.

3   아스파라거스는 0.3cm 두께로 송송 썬다.

4   달군 팬에 식용유를 두르고 센 불에서 밥을 볶다가 다진 쪽파,
    아스파라거스를 넣고 잘 섞어가며 볶는다.

5   밥을 팬 한쪽으로 밀어놓고 중약 불로 줄인 후 달걀을 풀어
    스크램블드 에그를 만든다. 한쪽에 ②의 연어, 단맛 간장(1큰술)을 넣고
    전체적으로 섞어가며 볶는다.

6   참기름, 후춧가루(1/8작은술)를 넣고 섞는다.

고추장 치즈 라이스크로켓

고추장 양념으로 맛을 낸 밥을 갖은 재료와 반죽해 치즈를 넣고 튀긴
라이스크로켓입니다. 겉은 바삭하고 속은 치즈가 녹아 부드럽게 어우러지고,
살짝 매운 고추장 맛이 포인트를 줍니다.

✔ 완성량_3~4인분

✔ 조리 시간_20분

- 밥 2공기(450g)
- 햄 50g
- 양파 1/2개(100g)
- 모짜렐라치즈 60~70g
  (또는 스트링치즈)
- 식빵 1/2장(20g)
- 우유 1/5컵
- 고추장 1큰술(15g)
- 밀가루 1/4컵
- 후춧가루 약간
- 달걀 1개
- 빵가루 1컵
- 식용유 적당량(튀김용)

1 햄과 양파는 곱게 다진다. 모짜렐라치즈는 1×1×3cm 크기로 썬다.

2 식빵은 잘게 뜯어서 우유에 적셔둔다.

3 볼에 밥, 다진 햄과 양파, ②의 식빵, 고추장을 넣고 섞어 반죽한다.

4 ③의 반죽을 적당량 떼어 ①의 모짜렐라치즈를 넣고 뭉쳐서 원추형으로
   빚는다.

5 접시에 밀가루, 후춧가루를 섞어두고, 볼에 달걀을 풀어둔다.
   다른 볼에 빵가루를 담는다.

6 ④의 빚은 반죽에 ⑤의 밀가루, 달걀, 빵가루 순으로 묻힌다.

7 식용유를 180℃로 달군 후 중강 불에서 5분간 노릇한 색이 나도록
   튀긴다.

   … 타지 않도록 젓가락으로 크로켓을 굴려가며 튀기고, 불 세기도 조절한다.

고추장소스 치킨 새우파스타

매콤한 고추장소스로 닭가슴살 새우, 채소를 볶아 링귀니를 넣고 버무린 퓨전 파스타입니다.
짠맛과 단맛, 매운맛이 어우러져 입맛을 돋워줍니다.

- 완성량_2인분
- 조리 시간_40분(+닭가슴살 재우기 30분)

- 링귀니 2줌(150g)
- 닭가슴살 1쪽(100g)
- 새우 5마리(중간 크기, 100g)
- 표고버섯 3개(75g)
- 청경채 70g(또는 배추)
- 피망 1/2개(50g)
- 양파 1/2개(100g)
- 청양고추 2개(20g)
- 소금 약간
- 후춧가루 약간
- 화이트와인 1큰술
- 올리브오일 약간
- 버터 1작은술

고추장소스
- 고추장 1큰술(15g)
- 조림간장 2큰술
  * 만들기 52쪽
- 다진 마늘 1작은술
- 올리브오일 약간
- 설탕 1큰술
- 꿀 1큰술
- 후춧가루 약간
- 다시마물 2/3컵(또는 물)

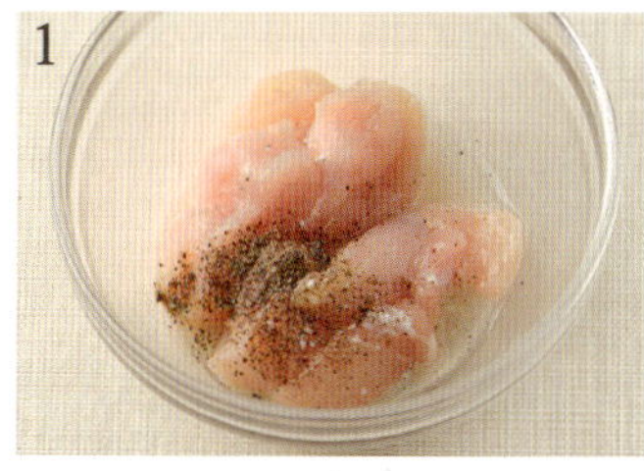

1 닭가슴살은 사방 1.5cm로 썰어 볼에 넣고 소금(약간), 후춧가루(약간), 화이트와인을 넣어 30분간 재운다.

2 표고버섯, 청경채, 피망은 한입 크기로 썬다. 양파는 굵게 다지고, 청양고추는 반을 갈라 씨를 털어내고 한입 크기로 썬다.

3 달군 팬에 올리브오일(약간)을 두르고 양파, 청양고추를 넣고 센 불에서 볶아 향을 낸 후 ①의 닭가슴살을 넣고 볶는다. 닭가슴살이 다 익으면 접시에 덜어두고, 청양고추는 건져낸다.

4 같은 팬에 올리브오일을 두르고 청경채, 표고버섯을 넣고 센 불에서 잠시 볶은 후 소금(약간), 후춧가루(약간)로 간하고 접시에 덜어둔다.

5 같은 팬에 버터를 녹이고 새우를 중간 불에서 붉은색이 될 때까지 익힌다.

6 냄비에 넉넉한 양의 물, 소금을 넣은 후 센 불에서 끓어오르면 링귀니를 넣고 12분간 삶는다. 면이 다 익으면 체에 밭쳐 물기를 뺀다.

7 고추장소스를 만든다. 팬에 올리브오일(약간)을 두르고 중간 불에서 다진 마늘을 넣어 볶다가 나머지 고추장 소스 재료를 모두 넣고 끓인다.

8 ⑦의 소스가 끓어오르면 ③의 양파, 닭가슴살, ④의 청경채, 표고버섯, ⑤의 새우, ⑥의 링귀니를 모두 넣고 3분간 끓인다.

고추장 굴라쉬

굴라쉬(Gulyás)는 헝가리 전통의 고기 스튜로,
진하게 끓인 육즙과 향신료의 맛이 특징입니다.
여기에 고추장과 토마토를 더해 매콤하고 깊은 풍미를 살린
한식풍 굴라쉬입니다.

- 소고기 300g(사태)
- 당근 1개(200g)
- 양파 1개(200g)
- 애호박 1/2개(130g)
- 마늘 3쪽(15g)
- 생고사리 50g(생략 가능)
- 방울토마토 20~25개(250g)
- 버터 1작은술
- 고추장 1큰술(15g)
- 월계수잎 2장
- 토마토페이스트 1큰술
- 물 2컵
- 짠맛 약간장 1큰술
  (또는 간장)
  ＊ 만들기 59쪽
- 우스터소스 3.5큰술
- 매운 고춧가루 1작은술
- 소금 약간
- 후춧가루 약간

소고기 마리네이드

- 소금 1/2작은술
- 후춧가루 약간
- 레드와인 1/4컵
- 올리브오일 1큰술

루

- 버터 1큰술
- 밀가루 1큰술

1 소고기는 사방 3cm로 썰어 볼에 넣고 소고기 마리네이드 재료에 버무려
  재워둔다.

2 당근, 양파, 애호박은 사방 3cm 크기로 썬다. 마늘은 칼등으로
  살짝 으깬다.

3 고사리는 2cm 길이로 자른다. 달군 팬에 버터(1작은술)를 녹이고
  볶은 후 소금, 후춧가루로 간한다.

4 루를 만든다. 달군 깊은 팬에 버터(1큰술)를 녹이고 밀가루를 넣어
  중약 불에서 볶는다.

5 루가 전체적으로 옅은 갈색을 띠면 고추장을 넣어 섞은 후 ①의 고기를
  넣고 센 불에서 볶아 겉면을 익힌다.

6 ②의 당근, 양파, 애호박, 마늘을 넣고 볶다가 월계수잎,
  토마토페이스트를 넣고 센 불에서 볶는다.

7 물(2컵)을 넣고 마저 끓이다가 짠맛 약간장, 우스터소스, 고춧가루,
  소금(약간), 후춧가루(약간)를 넣은 후 끓으면 방울토마토를 넣는다.

8 뚜껑을 덮어 약한 불에서 30분간 끓인다. 한 번씩 뚜껑을 열어 눌어붙지
  않게 바닥을 젓는다. 월계수잎을 건져내고 ③의 고사리를 얹는다.

고추장 미트로프

소고기와 돼지고기에 고추장을 더해 빵가루, 양파, 달걀 등을 섞어 구운 고기 요리로,
틀에 구우면 모양도 근사해 특별한 날 내놓기 좋은 요리입니다.

- 완성량_4인분
- 조리 시간_1시간 20분

- 소고기 간 것 450g
- 돼지고기 간 것 200g
- 베이컨 120g
- 달걀 1개
- 식빵 1쪽(50g)
- 우유 1/2컵
- 다진 양파 1/2개 분량(100g)
- 다진 마늘 1큰술(10g)
- 토마토케첩 2큰술
- 고추장 1큰술(15g)
- 소금 1/4작은술
- 후춧가루 약간
- 식용유 약간

1   식빵은 잘게 뜯어서 우유에 적셔둔다.

2   베이컨은 잘게 다진 후 달군 팬에 넣고 중약 불에서 기름이 빠지고
    노릇해질 때까지 볶은 후 덜어둔다. 빠져나온 기름은 약간만 남기고
    따라 버린다.

3   같은 팬에 다진 양파, 다진 마늘을 넣고 약한 불에서 투명해질 때까지
    볶다가 불을 끄고 식힌다.

4   볼에 소고기 간 것, 돼지고기 간 것, ①의 젖은 식빵과 ②의 베이컨,
    ③의 양파, 마늘, 달걀, 토마토케첩, 고추장, 소금, 후춧가루를 넣고
    반죽에 찰기가 생기도록 치댄다.

5   지름 20cm의 구겔호프 틀 안쪽에 식용유를 바르고 반죽을 채워 넣는다.
    … 구겔호프 틀이 없다면 지름 20cm, 높이 4~5cm 정도의 원형 틀을 써도 좋다.

6   170℃로 예열한 오븐에서 반죽이 갈색으로 익을 때까지 1시간 동안
    굽는다. 한 김 식힌 후 틀을 엎어서 꺼낸다.
    … 윗면에 마늘칩, 건조 파슬리 등으로 장식해도 좋다.

고추장 마파두부

다진 고기와 두부를 매운 양념에 볶아낸 사천의 대표 요리인 마파두부에 고추장을 더해
은근한 매운맛과 진한 감칠맛을 더했습니다.

✔ 완성량_2~3인분

✔ 조리 시간_30분

- 연두부 2모(360~400g)
- 돼지고기 간 것 150g
- 소고기 간 것 150g
- 고추기름 2큰술
- 다진 마늘 3큰술
- 고추장 2큰술(30g)
- 청주 1/4컵
- 다시마물 1컵(또는 물)
  ＊ 만들기 53쪽
- 설탕 2작은술
- 후춧가루 1작은술
- 소금 약간
- 전분물 1큰술
- 참기름 1작은술
- 대파 1대(30g)

1 연두부는 사방 1.5cm 크기로 썬다. 대파는 잘게 썬다.

2 냄비에 넉넉한 양의 물, 소금을 넣고 끓여 ①의 연두부를 살짝 데친다.

3 달군 팬에 고추기름을 두르고 돼지고기 간 것, 소고기 간 것, 다진 마늘을 넣고 센 불에서 고기에서 빠져나온 육즙이 다 날아갈 때까지 볶는다.

4 고추장, 청주, 다시마물, 설탕, 후춧가루를 넣고 센 불에서 3분간 끓인 후 전분물을 넣고 고루 섞는다.

… 전분물은 감자전분과 물을 1큰술씩 섞어 분량만큼 준비한다.

5 ②의 두부를 부서지지 않게 살살 넣어 잠시 끓인 후 참기름, ①의 대파를 넣고 섞는다.

… 맛을 보고 간이 부족하면 소금으로 간을 맞춘다.

들기름 된장 콩버무리 브루스케타

브루스케타(Bruschetta)는 빵 위에 다양한 토핑을 올려 즐기는 이탈리아의
전통적인 애피타이저입니다. 된장, 들기름으로 맛을 낸 삶은 콩 토핑이 입맛을 돋우는
간단하고 재미있는 레시피를 소개합니다.

- 완성량_2~3인분
- 조리 시간_15분(+콩 삶기 1시간)

- 바게트 8쪽
- 말랑한 버터 1.5큰술(20g)
- 홀그레인머스터드 1작은술(5g)

토핑
- 삶은 백태 약 1컵
  (200g, 또는 병아리콩)
- 된장 1큰술(15g)
- 다진 양파 2큰술
- 다진 마늘 1/2큰술
- 다진 부추 2큰술(또는 다진 실파)
- 올리고당 1큰술
- 소금 약간
- 후춧가루 1/8작은술
- 콩 삶은 물 1큰술(또는 물)
- 들기름 2큰술

1. 바게트는 1cm 두께로 썰어 200℃로 예열한 오븐에서 앞뒤로 뒤집어가며 8분씩 굽는다.

   … 에어프라이어에 굽거나 살짝 달군 마른 팬에 앞뒤로 노릇하게 구워도 좋다.

2. 볼에 버터와 홀그레인머스터드를 넣어 섞고 ①의 바게트의 한쪽 면에 바른다.

3. 볼에 들기름을 제외한 모든 토핑 재료를 넣고 섞는다. 들기름은 마지막에 조금씩 넣어가며 섞는다.

4. ③의 토핑을 바게트 위에 올려 잠시 두고, 수분이 빵에 흡수되어 촉촉해지면 먹는다.

된장소스 함박스테이크

소고기, 돼지고기를 섞어 식감을 살린 함박스테이크에
깊은 맛의 된장 소스를 더한 색다른 요리입니다.

- 완성량_4~6인분
- 조리 시간_1시간 20분

- 소고기 간 것 350g
- 돼지고기 간 것 150g
- 다진 양파 1.5개분(300g)
- 식빵 1쪽
- 우유 4큰술
- 달걀 3개
- 슈레드 모짜렐라치즈 1.5컵(150g)
- 된장 1/2큰술(7g)
- 후춧가루 약간
- 밀가루 3큰술
- 올리브오일 약간
- 브로콜리 1/3송이(100g)
- 양송이버섯 5개(100g)
- 양파 1개(200g)

된장 스테이크소스
- 홀토마토 1캔(400g)
- 토마토퓌레 약 1컵(225g)
- 레드와인 1/2컵
- 물 2컵
- 월계수잎 3장
- 우스터소스 2큰술
- 설탕 2작은술
- 다진 마늘 2큰술
- 건고추 2개
- 된장 2큰술(30g)
- 다진 양파 2개 분량(400g)
- 후춧가루 약간
- 올리브오일 2큰술

루
- 밀가루 1큰술(10g)
- 버터 1큰술(15g)

1 달군 팬에 올리브오일(약간)을 두르고 다진 양파를 넣어 중약 불에서
  옅은 갈색이 나도록 볶는다.

2 양파는 1cm 두께로 동그랗게 썬다. 브로콜리, 양송이버섯은 한입 크기로
  썬 후 브로콜리만 살짝 데친다. 식빵은 잘게 뜯어서 우유에 적셔둔다.

3 볼에 ①의 양파, ②의 젖은 식빵, 소고기, 돼지고기 간 것, 달걀,
  슈레드 모짜렐라치즈, 된장, 후춧가루를 넣고 섞어 치댄다.

4 반죽을 분할해 둥글납작하게 빚고 밀가루(3큰술)를 입힌다. 달군 팬에
  올리브오일(약간)을 두르고 중약 불에서 앞뒤로 노릇하게 구워 덜어둔다.

5 달군 팬에 된장 스테이크소스의 올리브오일(2큰술)을 두르고 다진 마늘,
  건고추, 된장, 다진 양파 순으로 넣어가며 중약 불에서 볶은 후 나머지
  재료를 모두 넣고 약한 불에 10분간 끓인다.

6 루를 만든다. 다른 팬에 버터를 녹이고 밀가루(1큰술)를 넣어
  중약 불에서 볶는다. 전체적으로 황금색을 띠면 ⑤의 팬에 넣고 섞는다.

7 다른 팬에 올리브오일(약간)을 두르고 브로콜리, 양송이버섯을
  중간 불에서 각각 3~5분간 볶는다.

8 ②의 양파를 깊은 냄비 바닥에 깐다. 그 위에 구운 함박스테이크와
  소스를 번갈아가며 차곡차곡 넣고 약한 불에서 15~20분간 끓인다.

9 월계수잎을 건져낸 후 접시에 담고 브로콜리, 양송이버섯을 곁들인다.

소고기 된장 쌀국수

베트남식 쌀국수에 향신료 대신 된장을 넣어 고기 잡내를 잡고 깊은 맛을 더했습니다.
진하게 우린 소고기 육수와 된장의 조화를 즐겨보세요.

- 완성량_2인분
- 조리 시간_30분(+ 육수 내기 70분, 쌀국수면 불리기 1시간)

- 쌀국수면 150g
- 숙주 2줌(100g)

양파 초절임

- 양파 1개(200g)
- 설탕 2큰술
- 식초 2큰술
- 소금 1작은술

육수

- 소고기 300g
  (양지, 우둔살, 사태 등)
- 물 15컵(3ℓ)
- 된장 1/2컵(110g)
- 당근 1/2개(100g)
- 건고추 2개(6g)
- 생강 2톨(마늘 크기, 10g)
- 셀러리 1대(30g)
- 무 1cm 한 토막(100g)
- 양파 1개(200g)
- 대파 1대(30g)
- 마늘 5쪽(25g)
- 감자 1개(200g)
- 통후추 1큰술(8g)

1   육수용 채소인 당근, 건고추, 생강, 셀러리, 무, 양파, 대파는 작은 크기로 썬다. 마늘은 칼등으로 눌러 살짝 으깬다.

2   깊은 냄비에 물(15컵), 된장, ①의 손질한 재료, 감자, 통후추,를 넣고 10분간 끓인 후 소고기를 넣는다. 센 불에서 끓어오르면 중간 불에서 50분, 약한 불에서 10분 더 끓인다.

3   국물은 체에 거르고 소고기는 완전히 식혀 얇게 썬다.

4   양파 초절임 재료의 양파는 얇게 채 썬다. 볼에 설탕, 식초, 소금을 넣어 섞고 채 썬 양파를 넣어 절인다.

5   쌀국수면은 찬물에 1시간 이상 불린 후 끓는 물에 넣고 2분간 삶는다.

6   그릇에 ⑤의 쌀국수면, 숙주를 담는다. ③의 육수에 고기를 넣어 다시 끓인 후 쌀국수면 위에 붓고 ④의 양파 초절임을 곁들인다.

… 레몬 조각, 송송 썬 고추, 고수 잎 등으로 장식해도 좋다.

새우된장볶음 퀘사디야와
토마토 고추장살사

퀘사디야(Quesadilla)는 또띠아 사이에 치즈와 재료를 넣어 구워내는
멕시코식 간식입니다. 된장과 함께 볶은 새우를 넣어 짭짤하고 고소하면서
치즈와도 잘 어울리는 한식 퀘사디야를 만나보세요.

✅ 완성량_3~4인분

✅ 조리 시간_30분

- 또띠아 4장(지름 25~30cm 크기)
- 슈레드 모짜렐라치즈 2컵(200g)
- 새우 20마리(중간 크기, 400g)
- 생강술 1큰술
- 올리브오일 2큰술
- 피망 1/2개(50g)
- 파프리카 1/2개(100g)
- 양파 1/2개(100g)
- 다진 마늘 1큰술
- 된장 약 2큰술(40g)
- 후춧가루 약간
- 사워크림 약간

토마토 고추장살사
- 토마토 1개(150g)
- 청양고추 1개(10g, 생략 가능)
- 고추장 1작은술(5g)
- 토마토케첩 1큰술
- 레몬즙 1큰술

1 새우는 1cm 크기로 잘게 썰어 생강술에 버무린다.

⋯ 생강술이 없으면 생강즙과 청주를 1:2 비율로 섞어 사용한다.

2 피망, 파프리카, 양파는 채 썬다.

3 달군 팬에 올리브오일을 두르고 피망, 파프리카, 양파, 다진 마늘, 새우를 넣고 중간 불에서 볶다가 된장과 후춧가루를 넣고 살짝 더 볶는다.

4 팬에 또띠아 1장을 올리고 모짜렐라치즈(50g)와 ③의 새우된장볶음 1/2 분량을 올린다. 다시 모짜렐라치즈(50g)를 뿌리고 다른 또띠아 1장으로 덮어 살짝 누른다. 약한 불에서 치즈가 녹도록 뚜껑 덮어 익힌다. 같은 방법으로 1개 더 만든다.

5 토마토는 껍질과 씨를 제거해서 과육만 다진다. 청양고추도 다진다. 볼에 토마토 고추장살사 재료를 모두 넣고 섞는다.

⋯ 토마토는 바닥 쪽에 열십자로 칼집을 넣고 끓는 물에 30초간 데친 후 찬물에 담그면 껍질을 쉽게 벗길 수 있다. 씨는 토마토를 세로로 4등분해 긁어낸다.

6 완성된 퀘사디야에 토마토 고추장살사와 사워크림을 곁들인다.

된장 견과스콘

된장의 감칠맛과 상큼한 크랜베리, 견과류의
고소한 맛이 더해져 풍미, 식감 모두 만족스러운
스콘 레시피를 소개합니다.

- 완성량_12개 분량
- 조리 시간_50분(+냉장 휴지 30분)

- 말랑한 버터 125g
- 슈가파우더 125g
- 달걀 2개
- 달걀노른자 2개
- 우유 1/2컵
- 된장 1큰술(15g)
- 박력분 500g
- 베이킹파우더 2작은술
- 견과류 1/2컵
  (땅콩, 호두, 해바라기씨 등)
- 크랜베리 1/4컵

달걀물
- 달걀노른자 1개
- 올리고당 1/2큰술

1 버터와 슈가파우더를 섞은 후 달걀, 달걀노른자, 우유, 된장을 넣고 섞는다.

2 박력분과 베이킹파우더를 섞어 체에 쳐서 ①에 넣고 가볍게 섞는다.

3 ②의 반죽에 견과류, 크랜베리를 넣고 비닐로 감싸 냉장실에서 30분간 휴지한다.

4 반죽을 두께 2.5cm, 너비 10cm로 길게 밀어편다. 반으로 길게 썬 후 사진처럼 긴 삼각형 모양으로 썰어 오븐팬 위에 올린다.

5 볼에 달걀물 재료를 넣고 섞은 후 반죽 윗면에 붓으로 달걀물을 얇게 펴바른다. 포크 끝을 반죽 윗면에 그어 물결 모양의 무늬를 만든다.

6 180℃로 예열한 오븐에서 15분간 굽는다.

알아두면 도움되는
발효 미생물과 소금 이야기

구분	특징	종류
세균	• 발효 식품의 품질과 안전성에 중요한 역할을 하는 미생물. • 각 종류마다 고유한 특성과 기능을 가지고 있다.	**고초균(바실러스 서브틸리스Bacillus subtilis)** • 단백질 분해 / 아미노산 생성 / 부패균 억제. • 메주, 청국장 등의 발효에 작용. **유산균(락토바실러스Lactobacillus / 류코노스톡Leuconostoc)** • 당을 이용해 젖산균 등 유기산 생성 / 부패균, 병원균 생육 억제. • 김치, 치즈, 발효유, 채소절임, 간장, 청주 등의 발효에 작용. **초산균(아세토박터Acetobacter)** • 산소를 매우 좋아하는(호기성) 세균. • 발효주를 이용해 유기산(초산, 젖산 등)을 생성 / 항산화, 염증, 비만 개선 / 잡균 제거. • 곡류 및 과일식초의 발효에 작용.
곰팡이	• 식품에서 발효와 부패 모두에 관여하는 중요한 미생물. • 일부 곰팡이는 발효 과정에서 유익하게 활용되며, 독특한 풍미와 질감을 만든다.	**누룩곰팡이, 황국균(아스퍼질러스 오리제Aspergillus oryzae)** • 전분과 단백질 분해력이 강해 당과 아미노산 생성 / 감칠맛 생성 / 소화에 도움. • 누룩, 메주, 발효주, 된장, 치즈 등의 발효에 중요한 작용. • 주류나 효소 제조에도 이용. **백국균(아스퍼질러스 루엔시스Aspergillus luehuensis)** • 전분과 단백질의 대사로 구연산 생성. • 동양식 주류(알코올을 증류시켜 구연산을 남기는 방식으로 제조하는 소주)의 양조에 이용.
효모	• 식품 발효에서 핵심적인 역할을 하는 단세포 미생물. • 빵, 맥주, 와인 등 다양한 식품과 음료의 제조에 필수적이다. • 효모는 당을 분해해 알코올과 이산화탄소를 생성하며, 발효 과정에서 식품의 풍미와 질감을 향상시킨다.	**사카로마이세스 세레비지에Saccharomyces cerevisiae** • 산소와 관계 없이 성장하는 효모. • 당을 이용해 알코올과 향기 생성. • 발효 중 탄산가스와 함께 발효 식품 표면에 뜨는 성질이 있음. • 발효주, 누룩, 메주, 된장, 치즈, 사료 등의 발효에 중요한 작용. • 빵 효모 / 청주 효모 / 상면발효맥주 효모.

소금이란?

- 오랜 기간 음식에 써온 최고의 조미료.

- 나트륨(Na) 40%와 염소(Cl) 60%가 결합된
  염화나트륨(NaCl)으로 짠맛이 나는 백색의 결정체.

- 바닷물에 약 3% 내외로 함유되어 있기 때문에 소금
  생산량으로 보면 바다로부터 석출한 소금은 30% 정도에
  지나지 않고, 대부분 땅 속 암염에서 용해된 염수를
  끌어올려 가열하거나 암염 자체를 통해 얻는 생산 방식이
  전체의 70%에 달한다.

소금과 발효의 상관관계

- 소금은 짠맛을 내는 기본적인 특성 이외에도 유익한
  프로바이오틱스를 잘 성장하게 하여 식품 발효에 참여하고,
  유해균의 성장을 억제하여 부패도 방지하는 역할을 한다.

- 소금은 종류에 따라 그 자체의 기능성도 다르고 특히 발효
  식품의 제조 시 발효의 양상, 맛, 저장성 및 건강 기능성에도
  차이가 있다.

소금의 종류와 특징

바닷물에서 얻는 소금

- **자염(煮鹽)** 햇볕에 말린 갯벌 흙을 이용해 농도가 높은
  함수를 채취한 후 가마솥에 넣고 끓여(煮) 만든 전통 생산
  방식의 소금. 미네랄이 풍부하고 부드러운 짠맛과 달콤
  쌉싸름한 맛이 혼합된 입체적인 풍미를 가졌다.
  단, 대량 생산이 어렵고 제조비용이 많이 든다.

- **천일염(天日鹽)** 바람과 햇볕으로 바닷물의 수분을
  증발시켜 만드는 소금(염도 80%). 미네랄이 풍부하며
  미세한 쓴맛이 있어 일반적인 요리를 할 때 보다는 김장
  배추 절일 때, 장 담글 때 많이 사용한다. 일제강점기에
  우리나라에 들어왔으며, 소금을 만드는 판(염판)의 재질에
  따라 토판염(土版鹽), 장판염(壯版鹽)으로 나뉜다.
  전남에서 85% 이상을 생산하는데, 그중 신안군 염전은
  독보적으로 넓다.

소금산, 용암에서 채취하는 소금

- **암염(巖鹽)** 지하에 형성된 염층에서 채굴되거나 염수를
  끌어올려 가열해 얻는다. 전 세계 소금 생산량의 약 70%가
  이러한 방식으로 만들어진다. 암염은 과거 바닷물이 지질
  변화로 고립된 뒤 오랜 세월 증발하면서 염분이 농축되어
  형성된 것으로, 일부 내륙 염호나 고대 호수에서도
  발견된다. 일반적으로 무색 투명하지만, 토양 속 광물질의
  영향을 받아 다양한 색을 띠기도 한다. 대표적으로 철분을
  함유해 분홍빛을 띠는 히말라야 핑크솔트가 있다.

가공을 거쳐 만드는 소금

- **재제염(꽃소금)** 원료 소금(100%)을 정제수, 해수 또는
  해수농축액 등으로 용해, 여과, 침전, 재결정, 탈수, 염도
  조정의 과정을 거쳐 제조한 염도가 높은(88~90%) 소금.
  결정 모양이 꽃처럼 생겨 꽃소금이라 불린다.

- **정제염(기계염)** 바닷물을 이온교환막에 전기 투석시켜
  함수를 제조하거나, 그 함수를 증발 시설에 넣어 결정화한
  순수 염화나트륨(NaCl) 소금(염도 99%)으로, 입자가

천일염보다 곱다. 대량 생산해 저렴하고 불순물, 쓴맛 없이
깨끗하지만, 미네랄은 거의 없다. 국내에서 한주소금이
가장 잘 알려져 있다.

- **용융염(熔融鹽, Molten Salt)** 원료 소금(100%)을
  고온에서 태움(굽기) · 용융(녹이기) 등의 방법으로 가공해
  쓴맛이 나는 간수와 불순물, 유해 성분을 제거한, 원형을
  변형한 소금을 말한다. 종류로는 맥염, 구운 소금, 생금 등이
  있다.

그 밖의 가공염들

- **죽염** 천일염을 3~5년생 대나무 통에 잘 다져 넣고 황토
  지장수를 뿌린 다음 850℃의 황토가마에서 6~8시간 구워
  만든 소금 기둥을 빻은 것. 이 과정을 한 번 진행하면 1회
  죽염이라 한다. 이것을 다시 대나무통에 넣고 3~4시간씩
  굽기를 8번 반복한다. 9번째 구울 때 소나무 장작불에
  송진가루를 더하고 1,500℃이상으로 용융하면 자줏빛
  자죽염(紫竹鹽)이 완성된다. 여러 번 구울수록 가격이
  비싸고 귀하다.

- **함초소금** 함초는 소금 농도가 높은 지역에서 생육이
  가능한, 우리나라 대표 염생 식물로 염을 흡수하고 저장하는
  능력을 가지고 있어 짠맛이 난다. 함초를 소금에 넣으면
  염도가 낮아지고 맛은 더 좋아진다.

- **맛소금** 정제염 90%에 MSG(L-글루탐산나트륨)를 10%
  내외로 섞은 인공 조미료이다.

최근 주목받는 소금

- **해양심층수염** 수심 200m 이상 깊은 바다에서 채취한
  해수를 정제 · 농축 · 건조해 얻은 소금이다. 역삼투압(RO)
  방식으로 불순물을 제거해 청결하다. 최근 해양 오염
  문제가 대두되면서, 표층수가 아닌 깊은 바다의 청정
  자원으로 만든 소금으로 주목받고 있다.

소금에 대한 오해 풀기

현대 과학에서는 소금의 과다 섭취가 혈압을 높여
심혈관계 질환, 뇌졸증, 신장 질환 등을 증가시키고
위암 발생, 염증 유발 등 건강에 좋지 않다며
'소금의 유해성'을 말하고 있다.

하지만 '소금' 보다는 '나트륨(Na)'의 과다 섭취가
문제인 것이며, 여러 미네랄을 갖고 있는 자염이나
천일염은 단순히 염화나트륨(NaCl)을 모아놓은
제재염과 명확히 구분해야 한다.

일본의 한 실험에 따르면, 나트륨 섭취의 증가가
중풍 및 여러 혈관 질환과 연관이 있는 것이
사실이지만 칼륨, 칼슘, 마그네슘 등과 같은
미네랄의 섭취량은 혈압 상승과 오히려
반비례하는 것으로 나타났다. 즉 미네랄 섭취를
증가시키면 염분 섭취가 많아도 혈압 상승이
억제된다는 것. 소금 중에서 천연소금에는 이러한
미네랄이 풍부하다.

소금은 발효 식품에서 미생물의 발효 패턴, 맛과
기능성에 크게 영향을 주는 요소이다. 어떤 종류의
소금이냐에 따라 건강 기능성에도 큰 차이가
있으므로, 소금이 무조건 유해하고 섭취량을 줄여야
한다고 단정 짓기보다 미네랄이 풍부한 천일염과
같은 소금을 쓰도록 하자.

또한 김치, 된장, 간장, 젓갈 등 주요 발효 식품은
소금 함량이 높지만, 적당한 발효 시간이
지나면 프로바이오틱스, 프리바이오틱스,
포스트바이오틱스 등 장내 유익균과 그 활동을 돕는
대표적인 성분들이 생성되어 소금의 유해 기능도
어느 정도 막을 수 있다.

인덱스

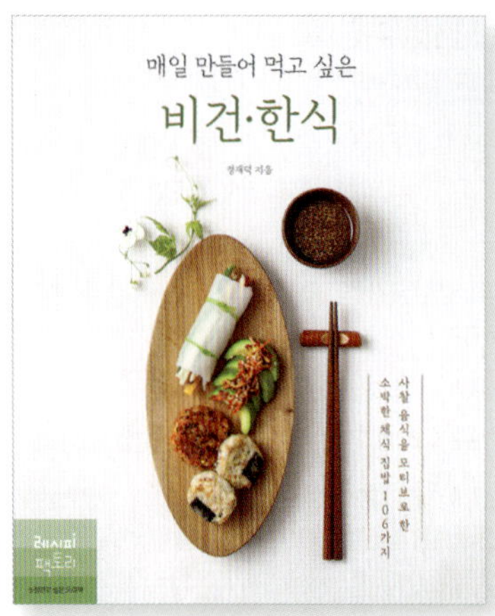

〈 매일 만들어 먹고 싶은 비건 한식 〉
정재덕 지음 / 220쪽

사찰 음식 전문 셰프의
쉽고, 맛있는 채식지향자를 위한 한식

- ☑ 밥과 죽, 면과 별식, 주전부리, 채소보양식 등
  다채로운 채식 레시피 106가지

- ☑ 오신채를 사용하지 않고 제철 재료로 만들어
  몸과 마음이 편안해지는 비건 한식

- ☑ 다양한 콩류와 두부류, 식물성 기름을 적극 사용해
  채식이지만 영양이 부족하지 않은 레시피

- ☑ 흔한 재료와 기본 양념만으로 친숙한 듯
  새로운 메뉴를 완성하는 셰프의 한 끗 다른 노하우

소문난 집밥 고수 요리 선생님의
푸짐하고 고급스러운 한 끗 다른 밥요리

- ☑ 저자만의 킥을 담은 색다르고 폼 나는 솥밥,
  이국적인 맛을 더한 고급스러운 덮밥 50가지

- ☑ 한 그릇 안에 다양한 채소와 포만감을 주는
  고기, 해산물 등의 단백질을 함께 넣어 더 푸짐하게

- ☑ 준비가 오래 걸리거나 번거로운 육수,
  감칠맛 소스 등은 시판 재료를 적절히 활용

- ☑ 밥 짓는 법, 도구 선택법, 비빔장 만드는 법 등
  요리의 기초 체력을 높여줄 기본 가이드 수록

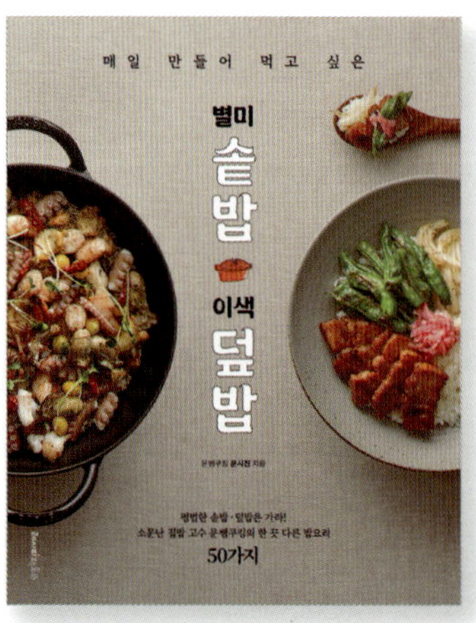

〈 매일 만들어 먹고 싶은 별미 솥밥 & 이색 덮밥 〉
문쌤쿠킹 문시진 지음 / 208쪽

홈메이드 장 醬
장소스·장요리

1판 1쇄 펴낸 날	2025년 12월 11일

편집장	김상애
책임편집	내도우리
디자인	조운희
사진	박형인(studio TOM)
스타일링	지수정(모하 스타일링, 표지 및 이미지)
요리 어시스트	박유신, 선영주, 최윤정
기획 · 마케팅	엄지혜

편집주간	박성주
펴낸이	조준일

펴낸곳	(주)레시피팩토리
주소	서울특별시 용산구 한강대로 95 래미안용산더센트럴 A동 509호
대표번호	02-534-7011
팩스	02-6969-5100
홈페이지	www.recipefactory.co.kr
애독자 카페	cafe.naver.com/superecipe
출판신고	2009년 1월 28일 제25100-2009-000038호

제작 · 인쇄	(주)대한프린테크

값 25,000원

ISBN 979-11-92366-62-3